U0535661

发现力

[日] 小宫一庆 著

张慧 译

青岛出版集团 | 青岛出版社

ビジネスマンのための「発見力」養成講座
小宮一慶
BUSINESSMAN NO TAME NO "HAKKENRYOKU" YOUSEIKOUZA
Copyright © 2007 by Kazuyoshi Komiya

Original Japanese edition published by Discover 21, Inc., Tokyo, Japan
Simplified Chinese edition published by arrangement with Discover 21, Inc.
through Chengdu Teenyo Culture Communication Co.,Ltd.

山东省版权局著作权合同登记号　图字：15-2024-256 号

图书在版编目（CIP）数据

发现力 / （日）小宫一庆著；张慧译 . -- 青岛：
青岛出版社，2025. 7. -- ISBN 978-7-5736-3001-8
I.B848.4-49
中国国家版本馆 CIP 数据核字第 2025HS2372 号

	FAXIANLI
书　　名	发现力
著　　者	［日］小宫一庆
译　　者	张　慧
出版发行	青岛出版社
社　　址	青岛市崂山区海尔路 182 号（266061）
本社网址	http://www.qdpub.com
邮购电话	0532-68068091
策　　划	杨成舜
责任编辑	刘　迅
封面设计	光合时代
照　　排	青岛新华出版照排有限公司
印　　刷	青岛双星华信印刷有限公司
出版日期	2025 年 7 月第 1 版　2025 年 7 月第 1 次印刷
开　　本	32 开（880mm×1230mm）
印　　张	5.625
字　　数	80 千
印　　数	1-5000
书　　号	ISBN 978-7-5736-3001-8
定　　价	39.00 元

编校印装质量、盗版监督服务电话：4006532017　0532-68068050
本书建议陈列类别：心理自助　职场励志　经济管理

発見力

前言

目次

发现力即看到事物本质的能力

　　看着同样的事物，听着同样的话语，为什么不同的人注意到的事会有如此大的差异呢？你是否想过这个问题？

　　有没有过这样的时刻，你突然意识到："啊，我怎么没注意到这件事呢？"

　　你对此感到后悔，同时又对那些能发现这些细节的人感到由衷佩服。

　　在讨论"看的方式"之前，我想说，不同的人能注意到的事物的数量本身就不同。

　　在过去的十年间，人们获取各种信息变得异常容易。按理说，由于信息量的增加，不平等现象应该有所减少。然而，尽管我们接触到的信息相同，但从中看到什么，能否看到某些东西，仍然因人而异，差异巨大。我在这里所说的信息，不仅包括媒体传播的信息，还包括街道的景象和路边的草木等，也就是说，我们通过感官感知到的一切。

在大多数人都看不到任何新事物的地方，少数人却能看到新的市场，设想出新的服务，察觉到价格的波动，预测出公司的销售方向。

实际上，这里有一种技能。这种技能被称为"发现力"，它有其内在机制和培养方法。

本书旨在介绍培养"发现力"的方法，因为许多人渴望拥有"发现力"以及与其密切相关的"创造力"。

作为经营顾问，我经常在各地演讲，以"发现力"和"发现"为主题的演讲也有很多。在这些演讲中，我首先提到的是7-11便利店[①]的故事。

我在这里讲7-11便利店的故事，并不是想讲它的经营管理方法，而是想讲关于7-11便利店的商标的故事。

顺便问一下，你注意到7-11便利店的商标被

[①] 即7-ELEVEn，日本知名连锁便利店。

写成"7-ELEVEn",其最后一个英文字母是小写的"n"了吗?

在演讲中,当我询问有多少人注意到这个细节时,大多数人都表示没有注意到。毕竟,7-11便利店的商标是许多人每天都能看到的,然而,他们并没有真正注意到这个细节。

即使人们看了几万次,看不见的东西依然是看不见的。发现力和创造力在本质上有相似之处。它们都需要我们看见别人未曾注意到的事物,更准确地说,需要我们具备一种"看见的能力"。

如果没有这种"看见的能力",许多事物根本无法进入我们的视野。即使我们看到了某个事物,也等于没看到。能够看到事物的本质,正是培养发现力的关键。

7-11便利店的商标"7-ELEVEn"中最后一个"n"为什么是小写字母,在网络上百科知识的介绍中有所提及,大致内容如下:

关于"7-ELEVEn"的最后一个字母使用小写"n"这一细节,有许多种说法。有一种说法:"7-ELEVEn"的最后一个"n"使用小写字母,是因为当初创立者以"7-ELEVEN"为商标申请商标注册时,被相关机构告知"单纯的数字英文单词无法作为商标注册",因此,创立者将最后一个"n"改成了小写字母。但实际上由于该商标诞生年代久远,7-11便利店官方也表示具体原因尚不明确。

我也是从朋友那里听到了这个故事,那时我才第一次注意到7-11便利店的商标。在此之前,我跟大家一样,虽然看见过它,却没有在意过它。

自从听了7-11便利店商标的故事后,罗森便利店[①]的招牌也引起了我的注意。尽管之前我从未注意过它,但是现在,罗森便利店的招牌进入了我的视线。

你能立刻回想起罗森便利店招牌的具体设计吗?

我想,许多人都见过罗森便利店的招牌,很多人甚至见过许多次。

现在请你试着快速画出罗森便利店的招牌。

怎么样?你是不是觉得有些为难?

首先,它是什么颜色的呢?

---

① 日本知名连锁便利店。

没错，它是浅蓝色的。虽然我很想夸你"观察力不错"，但根据以往经验，几乎所有见过它的人都会回答"浅蓝色"。这很简单。

那么罗森便利店招牌上画着什么形状的图案呢？请试着画一画。你的感觉如何？

它是长方形的吗？我想，在读者中，画长方形的人应该比较多。不过，这是错误的。也会有不少人画的是圆形木桶状，但这也是不对的。

正确答案如下：它是上下两端为弧线、中间收窄的上下对称形状的图形。这个图形以浅蓝色为底色，用白线描绘而成。

接下来是文字部分。关于文字的情况，首先在招牌上方用英语大写字母写着"LAWSON"。在这里，最后的字母"N"也是大写的。

招牌的中间部分画了什么东西，对吧？具体是什么来着？好像是某种图案……

到这一步，我猜，大多数读者都画不出来了，画不出来也没关系。

正确答案如下：它是一个像牧场装牛奶用的稍粗的罐子的图案，颜色是白色。

最后一个问题：那个罐子图案的下面放的是什么呢？

没错，是文字。

那上面写的是"酒"，还是"二十四小时"？

我给你一个提示吧。

那是一个以"S"开头的英语单词，是一个十分常见的英语单词。

是STORE（百货商店）？是SHOP（商店）？还是STAND（售货亭）？

回答不出来也没关系，因为这个问题应该会有很多人回答不出来。

不过，如果我说"正确答案是STATION（驿站）"的话，大家就会想起来：对了！是驿站！这时，你也许会想：原来如此，罗森便利店有"驿站"的意思啊！

在这里，我并不想专门讨论7-11便利店和罗森便利店的招牌。我想说的是，**有些东西，即使看过几万次，许多人依然会视而不见。**

即使看过几万次，有些东西，看不见的人依然看不见，但是，我能看见。

而且，从今以后，我的读者应该也能注意到这些细节："7-ELEVEn"商标最后一个"n"是小写的，罗森便利店的招牌上画着牛奶罐子并写着"STATION"。

我如此自信的原因如下：首先，各位现在已经开始关注7-11便利店的商标和罗森便利店招牌的细节了。或许各位会觉得这是理所当然的，但这一点非常重要。

其次，更关键的是，各位读者产生了"虽然你这么说，但事实真的是这样吗？我要亲眼看看这种说法对不对"的想法。

也就是说，只要有一个契机，许多事物就会变得可见。

那么，"一个契机"究竟是什么呢？

在观看电视上播放的古董鉴定节目时，外行人怎么也看不出古董的真伪，专业鉴定师却能很快做出鉴定。这是因为他们拥有"看见的能力"，或者说，是因为他们知道"该看古董的什么地方"来辨别古董的真伪。

我现在担任十几家公司的外聘董事或监事，但我每个月在每家公司停留的时间最多几小时,也就是出席董事会的那段时间。我观察一家公司的时间大概只有其普通员工的百分之一。

尽管如此,在这短暂的时间里,我仍然能够大致掌握公司的经营状况并对它后续的发展进行简单的判断。如果我做不到这些的话,那么我就无法胜任经营顾问的工作。我之所以能够做到这些,是因为我拥有一套判断公司经营状况的"判断标准"。

如果没有判断标准,即使我观察一家公司几千小时也未必能掌握它的经营状况。但只要有判断标准,我就能在短时间内掌握公司的经营状况。我认为,这就是"发现力"发挥作用的地方。

也就是说,只要我们对某一事物产生兴趣,那么这一事物的整体面貌或某些细节就会在我们眼中显现出来,至少我们会试图去观察它。

接下来,我们要明确自己"该看什么"。

只要我们掌握了判断标准,换句话说,只要我们在心里建立"它可能是这样"的"假设",那么,我们眼中的事物就会变得更加清晰。

因此,我的结论如下:

只要对事物产生兴趣，我们就能看见事物。

只要对事物建立假设，我们就能彻底看透事物。

也许你还不太明白这两句话的意思，不过，请放心，我会在本书中分章节说明。

在第一章中，我将通过一些我个人经历的事例，说明我们为什么看似看得见某个事物，实际上却看不见它。

在第二章中，我将介绍使事物变得可见的条件是兴趣和假设，以及建立假设的方法。

在第三章中，我将介绍一些商业领域的实际事例，说明我们应该如何使事物变得可见。

在第四章中，我将具体介绍培养"看见的能力"——"发现力"的方法。

在本书的最后，我列出了十条实用小技巧，帮助你培养"发现力"。

读完这本书后，我希望你能够感受到，以前"看不见"的事物逐渐清晰地呈现在眼前，并且在日常生活中不断有新的发现和新的创意。

小宫一庆

目录

前言 ··· 001
　　发现力即看到事物本质的能力 ······························· 003

第一章　看似看见了，实则没看见 ··························· 001
　　新干线的检票机吐出的车票，乘车券和特急券，哪个在上面？ ·· 003
　　1. "先入为主"的陷阱 ··· 006
　　2. 我为什么能经常捡到钱？ ·· 009
　　3. 你的手表是 ··· 011
　　4. 不过是自以为"尽收眼底"？ ···································· 016

第二章　依靠关注和假设去发现 ······························· 021
　　1. 从新干线的绿色车厢观察经济状况 ······················· 030

1

2. 从小金井乡村俱乐部的会员权行情观察社会资金动向 ················ 033
3. 同事剪了新发型，怎样才能第一时间发现？········ 037
4. 一家酒店餐厅的小番茄被去掉了叶子，我们可以把这家酒店视为一流酒店 ················ 039
5. 旭山动物园比上野动物园吸引游客多的原因是什么？················ 045
6. 为什么不断扩大的养老行业不如少子老龄化背景下的教育培训行业赚钱？················ 051
7. 视察工厂时，经营顾问会关注哪些方面？········ 053
8. 一些企业的广告消失了，我从这一点了解到这些企业的兴衰 ················ 056
9. 戴劳力士金表的社长的公司真的赚钱吗？······ 060
10. 这样做，能看清事物 ················ 063

第三章　看清事物的方法 ················ 065
1. 辨别优秀公司的方法 ················ 067
2. 如何判断一家餐厅是否盈利 ················ 070
3. 推测企业销售额的方法 ················ 072
4. 快速查看财务报表的方法 ················ 074

第四章　培养发现力的方法 ……………………… 077

1. 比别人多学一点儿 ………………………… 079
① 从事物的本质开始思考 ………………… 079
② 掌握提升发现力的技术工具 …………… 082
③ 积累知识，建立联系 …………………… 086

2. 看报纸 ……………………………………… 093
① 按照版面次序看报纸 …………………… 093
② 通过经济数据定点观测来验证假设 …… 095
③ 聚焦重点，阅读经济统计数据 ………… 096
④ 观察多个数据时，要思考它们之间的相关性 … 100
⑤ 带着假设，阅读新闻和信息 …………… 105

3. 多看普通的事物 …………………………… 107
① 多看正常的事物 ………………………… 107
② 与平凡之物进行比较 …………………… 108

4. 追求问题解决的极致 ……………………… 111
① 积累解决问题的经验 …………………… 111
② 彻底执行 ………………………………… 114

5. 扩大兴趣的范围，深化理解的深度 ……… 117
① 尝试购买一些自己不太感兴趣的报纸和杂志 … 117
② 进行深化兴趣的训练 …………………… 118
③ 有责任感 ………………………………… 121
④ 创造认真思考的契机 …………………… 124

⑤有自己的思想 ………………………………… 128

第五章　看清事物的十个小技巧 …………… 131
　　1. 了解要点 ……………………………………… 133
　　2. 获得提示 ……………………………………… 134
　　3. 分解问题 ……………………………………… 135
　　4. 减少信息 ……………………………………… 136
　　5. 立即记录所注意到的事情 …………………… 137
　　6. 进行比较 ……………………………………… 138
　　7. 替换一部分 …………………………………… 140
　　8. 改变视角 ……………………………………… 141
　　9. 多人讨论 ……………………………………… 142
　　10. 保持坦诚 …………………………………… 144

　　结语　能够"看见"的人会获得幸福 ………… 146

后　记 ……………………………………………… 149

第一章

看似看见了，实则没看见

新干线的检票机吐出的车票,乘车券和特急券[①]**,哪个在上面?**

乘坐新干线时,我们会将乘车券和特急券两张票一起插入检票机。你知道哪张票会先出来吗?你是否从未考虑过这个问题呢?

我猜大多数人可能会认为,车票放进去的顺序是怎样的,出来的顺序就是怎样的。

实际上,JR 东海[②] 的东海道新干线和 JR 东日

[①] 在日本乘坐新干线使用的车票。乘车券是支付完基础车费后拿到的车票。特急券是支付完乘坐高速、直达的新干线的附加服务费后拿到的车票,两者缺一不可。
[②] JR 东海是日本 JR 集团(日本铁路公司集团,Japan Railways,简称 JR)中负责日本中部地区铁路运营的公司,核心业务是运营连接东京、名古屋、大阪的东海道新干线,并管理部分传统铁路线。

本[①]的东北新干线、上越·长野新干线的出票方式不同。乘坐JR东日本的新干线,我们会发现,票是按照插入的顺序出来的。也就是说,如果你把特急券放在上面,乘车券放在下面,两张票叠起来插入检票机,那么它们会以同样的顺序出来。然而,乘坐JR东海的新干线时,无论你以什么顺序把两张车票插入检票机,票出来时,乘车券总是在上面。

我为什么能注意到这个细节呢?因为我有一个判断标准:运营这条新干线的公司,是秉承"以客户为本"的理念吗?因为我从事经营咨询工作,所以我总是习惯从"以客户为本"的角度出发来审视事物。

由于工作原因,我一年要乘坐大约一百次新干线,通常每次都很匆忙。进入车站,通过检票口后,我最想知道的信息不是目的地,也不是费用,因为这些信息在上车前,我就已经知道了。

我想知道的是我要乘坐哪趟列车,我要从哪个站台上车,以及我的座位是在几号车厢的哪个位置。这些信息都写在特急券上。

[①] JR东日本(东日本旅客铁道株式会社,简称JR East)是主导日本关东及日本东北地区铁路运营的公司,运营东北新干线等铁路。

因此，我希望出票时，特急券能在上面。但是，事实并非如此。

更何况，我乘坐新干线往往是为了出差。我经常携带大件行李，如果出票时，乘车券在上面，那么我还需要把两张票上下交换一下顺序，才能看到特急券上写的乘车信息，这又增加了一个动作。

我觉得这种设计不太贴心，或者说，"出票时，乘车券在上，特急券在下"这种顺序太死板了。无论如何，我认为这不是"以客户为本"的做法。

也就是说，用"以客户为本"这个判断标准来观察，我注意到了车票从自动检票机中出来的顺序问题。由此，我们也看到了JR东海和JR东日本在服务理念上的一些差异。

1."先入为主"的陷阱

刚才我提到,乘坐"JR 东海"的新干线,无论以什么顺序插入车票,出票时,乘车券必定在上面。事实上,这种情况大概在两年前发生了变化。如今实际情况是出票顺序与插入车票时车票的顺序上下颠倒。检票时,若将特急券放在乘车券上面插入检票机,则出票时乘车券在上面;若将乘车券放在特急券上面插入检票机,则出票时特急券在上面。

出票顺序具体是从什么时候发生变化的,我不太清楚。这也是因为我长期以来"没有真正看清楚",是我自己"先入为主"的观念导致的。

如前所述,乘坐"JR 东日本"的新干线时,车票出票时的顺序与将车票插入检票机时的顺序是一致的,因此,我始终坚持特急券在上、乘车券在下的插入方式插入车票。而乘坐"JR 东海"的新干线时,我想"反正无论以什么顺序将车票插入检票机,出票时都是乘车券在上",因此,我总是以随机的方式将两种车票插入检票机,并等待出票。

直到有一天,我的公司的一名员工突然告诉我:"小宫先生,JR 东海的新干线在小田原站三号检票机出票时,特急券是在上面的哦!"我当时想:"从东京到新大阪沿线有这么多检票机,怎么可能只有这一台检票机与众不同呢?"这时,另一名员工补充说:"东京站的检票机出票时,有时也是特急券在上面。"

当时,我虽然不太相信他们说的话,但是他们都这么说,我也不禁有些纳闷儿。再次乘车时,我便试着改变常规操作,把乘车券放在上面,特急券放在下面。没想到,出票时,特急券竟然真的出现在乘车券的上面。

后来,经过多次测试,我发现:更换过的新检票机都是按照特急券在上、乘车券在下的顺序出票。

我一直觉得:"不管插入车票的顺序是怎样的,出票时都是乘车券在上。"多年来,我总是以"特急券在下,乘车券在上"的方式插入车票,因此,我才没有察觉到新检票机出票时的变化。

通过这个案例,我认为我们需要了解以下两点。

第一,**如果注意观察,那么我们可以看到很多东西**。注意到检票机会先出哪种票的关键就在于此。

第二,**"先入为主"的观念会让我们忽视很多东西**。正是因为有"先入为主"的观念,我才没有注意到 JR 东海新干线检票机出票方式的变化。

我还发现,JR 东海的新检票机比旧检票机体积大,但出票的速度和旧检票机一样慢,这一点让我感到不太满意。

2. 我为什么能经常捡到钱?

说来奇怪,我经常捡到钱。

到目前为止,我捡到过两次一万日元的钞票。有一次,一张一万日元的钞票径直向我飘了过来。当时,我和一个朋友从原宿的烧烤店刚喝完酒出来,醉醺醺地走着。那天是那个朋友请客,所以我捡到钱后,把钱给了朋友。实际上,我应该把钱交给警察。还有一次,我在自己家附近的车站前走着,走在我前面的一位女士掉了一万日元,那钞票飘飘然地落到我的面前,我将它捡起来,跑过去问了一下那位女士,她肯定地说钱是她的。

面值较小的硬币,我几乎每个月都能捡到一次。现在,我把它们放进公司的一个为贫困儿童设立的募捐箱里,用来帮助那些需要帮助的孩子。

我捡到钱的概率似乎比一般人大得多,这是为什么呢？这就是我在前文中提到的内容。

物品能否被看到有两个基本原则：

<1> 如果注意观察，那么我们可以看到很多东西。

<2> "先入为主"的观念会让我们忽视很多东西。

可能有人会想：走路的时候，小宫是不是一直在想："地上会不会有别人掉落的钱？"事实并非如此，根本没有这样的事！

其实，不常捡到钱的人与常捡到钱的人之间的区别在于前文所说的第二条原则。我认为，钱经常掉落在地上。但是，大多数人认为一万日元的纸币不可能掉在地上。

因为他们有先入为主的观念，认为钱不会那么容易掉在地上，所以会对掉落在地上的钱视而不见。

3. 你的手表是……

刚才我谈到了新干线的检票机，在乘坐公共交通工具的时候，每次通过自动检票机时，我都会特意选择一个有自己喜欢的编号的检票机进站。

然而，每当我谈起这个话题时，很多人会问："检票机上还有编号吗？"大多数人都没有注意到这一点。你注意到这一点了吗？

如果你只将自动检票机当成一个工具，认为只要把车票插进去就可以了，那么这些编号对你来说无关紧要，你自然不会注意到它们。

就像我之前提到的7-11便利店的商标一样，对想去7-11便利店买东西的人来说，只要能在众多店铺之中认出7-11便利店就足够了，商标上的"n"是小写还是大写都无所谓。我们本来就不可能把所有信息都记录下来。实际上，把所有信息都记录下来,是非常麻烦的事情。

  我们只看得见自己感兴趣或自己需要的东西,而不是像数码相机拍照那样,把所有看到的东西都记录下来。

  为了讲明白这个道理,我会再设置一些问题。

  请准备好纸和笔。

  现在你可以试着凭记忆描绘你腕间的手表,请不要偷看它。我建议你摘下手表,将它置于视线之外。

  手表的表圈是什么样的?

  表盘是什么样的?

  手表上面写了些什么字?

  手表的指针是什么形状的?

  表带又是什么样子的?

  请你花一点时间认真回忆一下这些信息。

  画好之后,你可以将你画的手表与现实中的手表进行对比。

  怎么样?你是否惊讶于自己竟然画得不太准确呢?

  这着实令人感到吃惊。

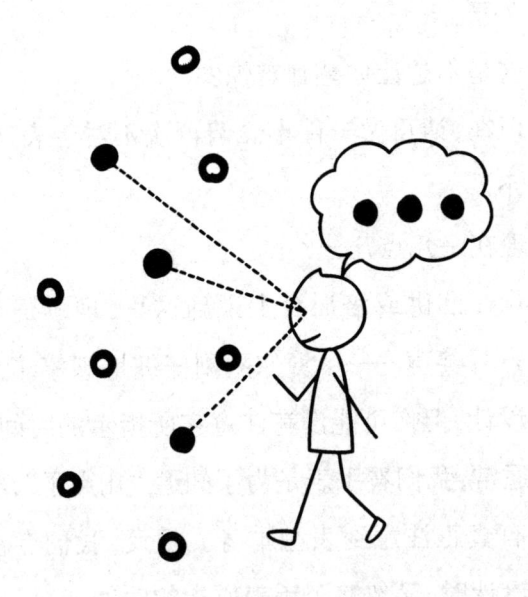

我们只看得见自己感兴趣或自己需要的东西。

在购买那块手表时，你一定非常仔细地观察过它的设计。如果手表的价格比较昂贵，那么你会看得更加仔细。更何况，你每天都要看它好几次，一年下来要看几千次。尽管如此，你却没有准确地记住它的外形。

这是不是让你感到震惊？

现在，请再做一件事。请再次不看手表，试着回忆一下。

现在是几点几分？

我在演讲或培训会上说到这里，现场通常会爆发出一片笑声——尽管你刚刚仔细地观察了手表指针的设计，但你可能没有注意它所指示的时间。

通常，我们看手表是为了知道"几点了"，实际上并没有真正注意到表盘本身。相反，我们专注于表盘的设计时，又忽略了手表所指的时间。

正如我在前文中提到的那样，我们并没有看到所有映入眼帘的东西，而是预先筛选出自己应该看的东西，然后提取这些东西的信息。换句话说，我们在选择"看到"和"忽略"的事物。

我再重复一遍。我们并不像数码相机拍照那样，将所有东西毫无遗漏地记录在脑海中。**我们会有选择性地去看那些我们预先决定要看的东西,只有这些东西才是"可见"的。**

因此,如前所述,如果注意观察,那么我们可以看到很多东西。

也就是说,有些事物我们以为自己看到了,但实际上并没有看到。

4. 不过是自以为"尽收眼底"？

有选择性地查看需要的信息是人类生存所必需的技能。如果我们试图收集和分析所有信息，那么涌入我们大脑的信息量将变得过于庞大，使我们无法处理它们，这会导致我们无法对它们作出任何判断。不过，有时候，我们可能连必要的信息都没有注意到。这种情况也很多。

如果我们原本就打算只看到自己想看的东西，那么不想看的东西可能就不会被看见。**这样一来，那些只看表面事物就认为自己已经看得足够多的人，可能再也看不到更多的东西了。我认为，这种行为可以看作是"顽固"。**

有些人只是稍微看了一眼需要观察的事物，就以为自己迅速掌握了整体情况，实际上，这种人最危险，因为他们可能会忽略事物的本质，而自己却没有意识到这一点。他们误以为自己明白了，从而作出错误的判断。

普通人观察不到便利店招牌的细节无伤大雅，但如果企业的经营者错误地判断了市场的趋势，制订了错误的公司发展战略，那就不是闹着玩的事了。

某个领域的专业人士能看到许多外行人看不到的东西。无论我们观察什么事物，观察得越多，就会发现需要自己观察的东西越多，想要了解的内容也越多。

这意味着我们会意识到许多我们不了解的事物，并且提高对这些事物的关注度。

因此，我们试图去观察它们。

对一些人来说，看不见的东西无论如何都是看不见的，无法理解的东西始终无法理解，这是认知壁垒造成的。

请看下图，有些人通常只能看到事物的第一阶段和第二阶段，并认为"这就是事物的全部"，要让这样的人理解事物存在第三阶段是非常困难的。这些人会认为事物没有第三阶段。

然而，几乎所有事物都有其"深度"。

事物的深度 ↓

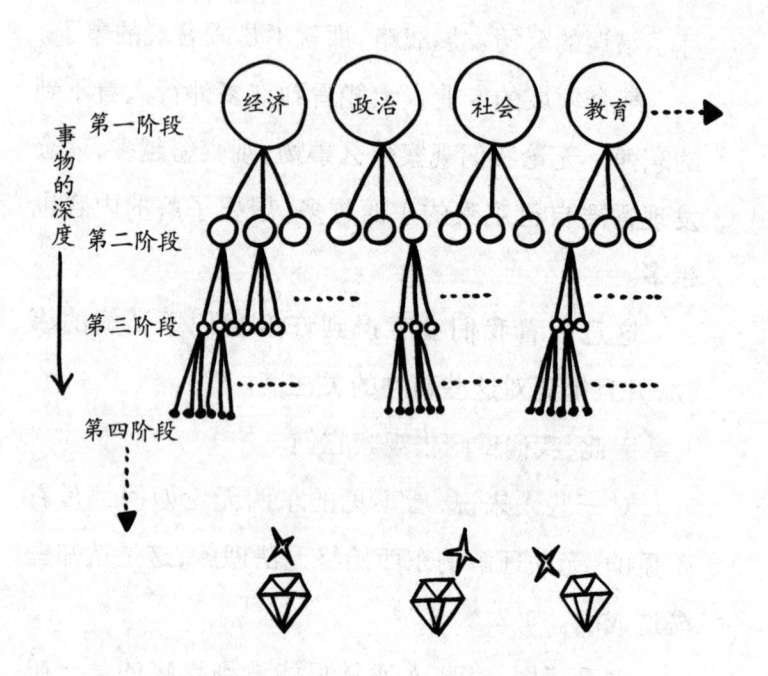

第一阶段　经济　政治　社会　教育 ┈▶

第二阶段

第三阶段

第四阶段
↓

越是深入观察事物，就越是会觉得仍有未被看见的东西。

对那些能看到事物的第三阶段的人来说，他们会明白事物可能还有第四阶段。

能看到事物的第四阶段的人知道事物还有更深的部分，因此他们知道自己还有很多东西没有看到。这一点非常重要。

想要提升发现力，我们必须意识到：世上还有我们看不到的事物和不明白的事情。这种意识非常重要。

因此，只是稍微看一下表面就认为自己已经掌握了全局的态度是非常危险的，因为这样很容易遗漏真正需要关注的事物。

同样，我们在选择观察的事物时，往往只关注自己认为重要的事物，而忽略了真正需要关注的事物，因为我们不知道自己还有哪些地方不明白。

在这里，让我们再提出两条关于发现力的重要原则：

<3> 人们通常只选择对自己有用的事物来观察。
<4> 人们往往没有注意到真正重要的事物。

这听起来像禅宗的偈语一样,但如果你对"我竟然对这些事物视若无睹"这一点感到惊讶,那就已经足够了,因为这种惊讶是我们真正去观察某个事物的起点。

在下一章中,我将阐述"发现力的内在机制与培养方法"。

发现力的四大原则如下:

<1> 如果注意观察,那么我们可以看到很多东西。

<2> "先入为主"的观念会让我们忽视很多东西。

<3> 人们通常只选择对自己有用的事物来观察。

<4> 人们往往没有注意到真正重要的事物。

第二章

依靠关注和假设去发现

首先是关注。

能够看到事物的第一步是对其保持关注。

平时,大家经过自动门的时候,有没有注意到自动门是哪家公司生产的呢?在日本,大多数自动门闭合时,在门中央显眼的位置都贴有印着制造商名称的标签。通常情况下,我一定会去看一眼标签,而且会记住制造商的名称。这是为什么呢?

因为我担任经营顾问的公司中就有从事自动门生产和安装的企业。日本许多贴有浅蓝色标签的自动门,就是那家公司的产品。

同样,如果看到一辆居家养老服务车经过,我也会想知道它属于哪一家公司。如果看到补习班的广告牌,我也会注意观察它属于哪个教育培训机构。我这么做,是因为我担任兼职董事的公司涉及这些行业。因为我关心这些行业的情况，所以自然会注意到这些生活细节。

面对自己喜欢的人，我相信你会格外留意对方的一举一动，因为你对对方感兴趣。因此，**要提升发现力，我们首先要做的是关注某个事物并培养对它的兴趣**。有了兴趣，我们就会自然而然地去关注它，观察它，一切与它有关的细节也会映入我们的眼帘。

在前一章中，我们谈到了我们不会像数码相机拍照那样将眼前的一切全都记录下来，而是先决定要看什么，再有选择地看。**这就是兴趣在起作用。**

其次是假设。

接下来，让我们来谈一下"假设"。这里的"假设"指的是"判断标准"。有了它，我们就能更清楚地观察事物。

换句话说，如果我们进一步以某个判断标准去看那些我们感兴趣的事物，那么它在我们眼中就会更加清晰。**拥有正确的假设，可以提高鉴别力。**

正是这些"判断标准"和"假设"决定了我们的"发现力"。

正如我在前文中提到的，在鉴定古董的电视节目中,专业鉴定师们在短短几分钟内就能辨别出古董的真伪,这是因为他们掌握了"看哪里、如何看"的辨别假设。

对我们这些外行人来说,即使给我们一万小时,我们也看不出古董的真伪,这是因为我们没有掌握相关的假设。

换句话说,专业鉴定师知道鉴定古董时要看哪里,知道怎么才能分辨出古董的真伪,他们拥有这个判断标准,也就是假设。

因此,我们要通过分解目标来聚焦关键点进行观察。

如果我们有适当的假设,那么事物在我们眼中自然会变得更加清晰可见。也就是说,我们能够理解事物之间的差异和相似点、因果关系以及关联性。

然而,如果没有假设,即使我们能察觉到事物的存在,也无法看到更多的东西。我们的想法也无法真正地与发现、创造相连。

换言之,只有学会自己建立正确的假设,我们才**能真正看清事物的本质。**

那么,我们怎样才能建立正确的假设呢?在初级阶段，我们可以从别人那里得到启发。

如果你是一名指导员工的公司管理者，那么，**第一步，你需要让员工对某个事物感兴趣并关注它，观察它**。这样，员工的观察能力就会显著提升。

例如，一些从事媒体或广告行业的人，只需要在通勤电车中观察车厢中的细节，就能想出多种策划方案。然而，如果让一个毫无媒体或广告行业从业经验的人说出他在车厢中注意到的细节，并以此策划出相关方案，那就太强人所难了。

在这种情况下，**我们首先要做的是分解并缩小关注和观察的目标**，换句话说，缩小关注和观察的目标会使事物变得更加清晰可见。

在我的客户中，有一家服装公司。那家公司的员工确实非常善于观察，就连那家公司的年轻员工也是如此。这是为什么呢？**因为那家公司的管理者将分解目标观察事物的技巧和方法传授给了年轻员工。**

作为服装公司的员工，他们自然会格外关注街头和电车车厢中那些符合自家商品目标客户的人的穿着，他们的工作需要他们这样做。

然而,如果管理者要求员工:"去找一些未来可能会流行的服装。"经验不足的年轻员工可能无法马上做到。但如果管理者的要求换成:"去看看现在年轻女性的服装中哪种颜色的服装比较多。"那么结果会怎样呢?

员工需要观察的目标被大大缩小了,目标从"服装"变成了"年轻女性的服装颜色",这样一来,大部分人都可以通过观察得到答案。

此时,如果管理者进一步对员工说:"据说,今年的流行色系是黑色系,真的是这样吗?"然后管理者让员工去观察一下穿黑色系衣服的人的大致比例,结果会怎样呢?年轻员工就会从原本关注所有颜色,转变为区分黑色系与其他色系,从而统计出穿黑色系服装的人的大致比例。

换句话说,在关注和观察的基础上,我们还需要确立一个假设(即判断标准)。这是第二步。

此时,员工们可能会发现,所谓的黑色系服装其实存在深浅差异,不同的黑色面料呈现的质感和色泽也各不相同。有人或许会联想到"流行黑色系服装预示着经济低迷"的传言,进而查阅历史数据。

因此，原本从不被他们关注的报纸上的经济新闻，也可能开始进入他们的视野。

换句话说，我们之所以看不见一些事物，是因为缺乏关注和观察的目标。一些事物无法引起我们的兴趣，也是因为我们没有关注和观察的目标。因此，通过这样的分解和明确目标，很多事物就会变得清晰可见。进一步讲，通过建立假设，我们可以看到那些我们以前没有注意到的事物。

我建议从二分法入手。最初，我们可以尝试"是白还是黑"这类简单的观察，时间一长，我们的观察能力就会逐渐提升。如果我们试图整体观察某个事物，那么我们的观察看似全面，实则流于表面；但如果我们专注于观察事物的某个特定部分，那么即使我们是新手，也能有效地发现问题。不过我们需要注意：正如我们专注于观察手表的外观而忽略手表所指的时间一样，如果我们只关注服装的颜色，那么就可能忽略服装的面料质地。我们需要明白，观察是有局限性的。

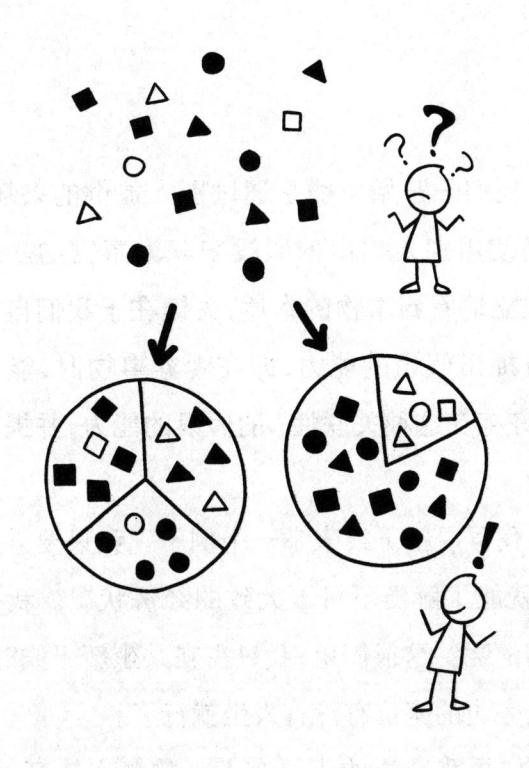

当存在假设时，事物的观察就会变得明确。

1. 从新干线的绿色车厢[①] 观察经济状况

我们一开始可能是通过别人提供的兴趣点,或者是使用别人提出的假设来观察事物的。**最终能否独立地看到事物的本质,关键在于我们自己是否具备提出假设的能力,即在观察事物时,能否提出"或许存在这种关联性"的假设的能力,并提高这种能力。**

我再用新干线来举一个例子。我只要乘坐新干线,就能了解当下日本大致的经济状况。我是怎么知道的呢?这很简单,我只需在乘坐新干线时,看看自己旁边的座位有没有人坐就行了。

如果我旁边的座位有人坐的概率较高,那就说明经济相当不错。

[①] 在日本新干线中,设施齐全,服务好,乘坐舒适,票价较高的车厢,相当于高铁的一等座车厢。

我一年大概要坐上百次新干线绿色车厢,每次乘坐,我都会在笔记本上记录我旁边的座位是否有人坐,因此,我的统计样本数据相当多。我个人认为,我的记录比日本政府公布的数据还要准确。

也就是说,我先建立自己的假设,然后通过观察新干线绿色车厢的乘客数量来判断经济状况。

那么,最初,我是怎么建立这个假设的呢?首先,当然是因为我对这件事感兴趣。

"我旁边的座位最好是空着的,这样我就能更自在一点儿了。"这个想法使我对这件事产生了兴趣。

但是,我没有止步于此,而是将它与我所知道的经营常识联系了起来。

一般来说,在经济状况不景气的时候,企业通常会削减交通费、营销费和广告费,而交通费中的绿色车厢的费用应该是最先被削减的。

而且,**我将旁边有人坐的概率与实际的经济指标进行了比较,以验证这个假设。结果证明,这个假设是基本正确的。**

顺便说一句,最近,乘坐新干线时,我旁边的座位通常都有乘客。也就是说,近期的日本经济确实有一定的好转。

　　不过,从整体上看,绿色车厢里老年人的比例在增加,东北新干线上很多乘客是老年夫妇。各家新干线公司将银发族作为目标客户,通过打折等方式吸引乘客,努力制订各种针对目标客户的销售策略。通过了解这些关于银发经济的动向,我也了解到了很多其他的相关信息。

2. 从小金井乡村俱乐部的会员权行情观察社会资金动向

此外,我观察社会资金动向的工具之一是小金井乡村俱乐部的会员权行情。近十多年里,我每周都会查看《日本经济新闻》①周一发布的小金井乡村俱乐部会员权行情。

现在是 2007 年 8 月②,小金井乡村俱乐部会员权的价格大约是九千六百万日元,而泡沫经济鼎盛时期,它的价格是四亿日元,经济泡沫崩溃后的最低点大约是四千万日元。几个月前,其价格一度上涨到九千七百五十万日元,但现在已经略有下降。

其实,我没有小金井乡村俱乐部的会员权,也没有购买的打算。因为我喜欢高尔夫,所以对小金井乡村俱乐部的会员权行情很感兴趣。毕竟,据说小

---

① 日本经济类报纸。
② 这是本书在日本首次出版的时间。

金井乡村俱乐部的会员权价格在日本同类俱乐部的会员权价格中是最高的,因此,我每周都会不自觉地关注它。

有一天,我想到了一个问题。这种单纯出于兴趣的关注和观察,是否可以视为一种对经济指标的关注和观察呢?

在日本泡沫经济崩溃之前,我一直十分关注股票市场,在日本经济不好的时候,日本政府会使用养老金等资金救市,因此,很难看出日本经济的真实情况。

怎样才能看到真实的经济情况呢?那时候,我在思考这个问题。

我想,日本政府不会干涉小金井乡村俱乐部的会员权行情,换句话说,要纯粹观察社会上剩余资金的动向,尤其是富裕阶层的资金流动,小金井乡村俱乐部会员权行情可能是最佳指标之一。

基于这个观点,我提出了一个假设:"社会上剩余资金的动向在小金井乡村俱乐部会员权行情中体现得尤为明显。"

从那以后,我每周都在关注它的变化。当然,我是把它当作一个观察经济的指标来关注的。

每周观察下来,我发现,2007年8月的现在,小金井乡村俱乐部会员的价格从最近的高点回落后又有小幅回升,因此,我认为目前日本经济正处于活跃期。

不过,这也只是一个假设,它是否正确还不得而知,但我就是通过这种方式来观察经济的。就像在乘坐新干线时通过观察自己旁边的座位是否有人坐来判断经济状况一样,**我是通过小金井乡村俱乐部的会员权行情来观察社会资金动向的。**

当然,说这些稍微有点儿偏离本书的主题。现在经济之所以好,是因为资本在流动,全球范围内资金过剩。

其最根本的原因在于原油和美元。产油国像过去一样开采同样数量的原油,而且这几年原油价格已经上涨了三倍。换句话说,产油国吸收了三倍的资金,并将其投资于世界各地。

这笔庞大的资金中的一部分流入日本,进入金融领域,推高了日本房地产价格。不是购房刚需造成了价格上涨,而是房地产投资信托等机构大量买入房产造成了价格上涨。

经过调查发现,日本整体的平均地价仍在下降。例如,在东京的丸之内或品川[①]等地区,有许多优质建筑建成,其地价也在上升,但与此同时,东京周边地区和不太受欢迎的地区的地价却在下跌。一旦加速下跌,东京周边地区不会有更多的人涌入,从而导致东京周边的建筑和土地进一步降价。

因此,我认为,日本经济的实际状况并没有日本的国内生产总值(GDP)数据显示出来的那么好,房地产价格也没有出现真正的整体上升。

---

① 丸之内和品川都是东京较为繁华的地区。

3. 同事剪了新发型，怎样才能第一时间发现？

接下来，我再举一个更贴近生活的例子。

你知道怎样才能在第一时间发现公司里的同事(尤其是女同事)发型的变化吗？这里有一个小技巧。

那就是，你可以在周一的时候特别留心观察一下女同事的发型。

稍微思考一下就能明白这个道理。女性去美容院做烫发或染发等护理，花费的时间比男性花费的多。对职业女性来说，工作日下班后去美容院，时间有些紧张，她们通常会选择在周末去。

因此，只要在周一特别注意观察"女同事的发型是否有些不一样，她们的头发是否剪短了，是否染发了"，就可以了。

换句话说，这就像小金井乡村俱乐部会员权行情一样,通过逻辑推理,我们可以假设女同事的发型变化通常发生在周一,并基于这个假设进行观察。

有些人直到周三才说:"咦?你的发型变了?"我只能说他们根本没有考虑过这个问题。

因为他们没有建立这个假设,或者说,他们根本就没有关注过这个问题。发现女同事发型变化了,完全是他们意料之外的事。此时,被问的女同事反而会感到尴尬,她们或许会想:"啊,你现在才发现啊!"

话说回来,这个假设不适用于全职主妇。不过,我对我妻子的发型变化也能敏锐地察觉。这是因为我一直在努力对她保持关注。

我再举一个生活中的例子,这是我区分一流酒店和普通酒店的假设之一。这个假设就是"一家酒店餐厅的小番茄被去掉了叶子,我们可以把这家酒店视为一流酒店"。

4. 一家酒店餐厅的小番茄被去掉了叶子，我们可以把这家酒店视为一流酒店

带着这样的想法，每次我在酒店餐厅吃早餐的时候，我都会观察酒店餐厅提供的小番茄。

有一次，我和我的家人一起去一家家庭式餐厅吃饭，偶然发现餐厅提供的小番茄还带着叶子。从那以后，每当有机会在高档酒店吃早餐，我都会想起这件事并特别留意那里的小番茄。我发现，大部分高档酒店餐厅提供的小番茄，确实都被去掉了叶子。

因此，我提出了一个假设："如果一家酒店餐厅的小番茄被去掉了叶子，那么我们可以把这家酒店视为一流酒店。"从那以后，每次去酒店餐厅时，我都会观察并验证这一点。一般来说，许多酒店的早餐通常都会提供小番茄。

有一次，我发现有一家被公认是"一流酒店"的酒店餐厅提供的小番茄是带着叶子的，这让我有些

意外。我觉得这家酒店算不上是一流酒店。

我之所以能看到这些细节,是因为我总是带着"以客户为本"的理念去关注和观察事物。

关注→疑问→假设→验证

总之,提出假设的第一步是"关注"。只要关注某个事物,我们至少可以对它有一个大致的了解。

接下来,我们需要思考:

为什么会这样呢?

也许是出于某种原因吧。

任何一件小事,只要能提出疑问,我们就可以建立假设。

例如,当下日本社会的老龄化问题日益严峻,随着养老保险制度的建立和完善,许多企业纷纷涉足养老行业,但最终发现养老行业并没有想象中那么赚钱,而教育培训机构却一直在盈利,这是为什么呢?

通常情况下,动物园的入园人数应该与当地人口规模成正比,但是为什么东京上野动物园的入园人数反而比北海道旭山动物园的入园人数少呢？

在这里，我们可以先确立假设。

由于养老行业的竞争企业众多，而且其行业价格由社会保险决定，因此养老行业难以盈利。然而，虽然教育培训的市场在缩小，但进入这一行的企业相对较少，加上日本学生数量在减少，导致人均课外补习费用上升，因此教育培训机构能够盈利。

而游客们觉得，旭山动物园拥有上野动物园所没有的"感动"。

我们提出了假设，接下来需要通过观察和验证来确认这些假设是否正确。

如果我们在一家酒店餐厅确立了一个关于小番茄的假设，那么我们去其他酒店餐厅时，也要看看这个假设是否成立。在养老行业和教育培训行业中，我们要查阅不同的统计数据，阅读公司的季度财务报告。至于旭山动物园，我们可以亲自去看看，或者向去过的人提出自己的假设并验证。

即使我们最终发现假设不成立，经历过这个过程，我们也将学会从不同的角度看待事物。这就是"发现力"的意义。

提出假设的关键在于思考并发现事物之间的关联。

在日常生活中,我们首先要对报纸、杂志、电视等媒体上的新闻和话题产生兴趣,并关注和观察它们。这种做法可以作为一种培养发现力的初期训练。关于这一点,我稍后会详细说明。这样做是为了增加我们的兴趣"储备"。

然后,我们要思考我们感兴趣的事物是否与我们之前经历过的事情或感兴趣的事物有关联。

如果我们本来就对许多事物感兴趣的话,那么我们或许可以凭直觉发现它们之间的关联。但如果这不是我们的强项,那么我们就需要有意识地进行训练。

当我们发现了事物之间的关联,并觉得这种关联似乎存在着某种趋势时,这种想法就形成了一个假设。

或者,当面对某个问题时,我们尝试理性地思考解决问题的方法,那么我们得出的结论也可以作为假设。

总之,建立假设的能力可以通过训练得到提高。

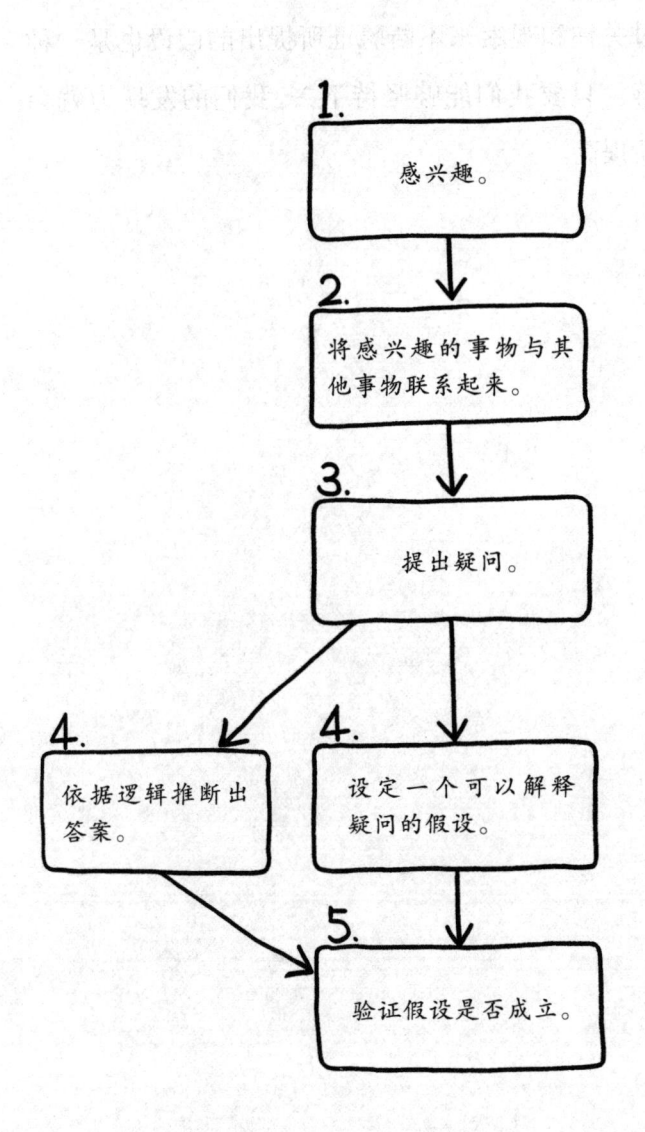

```
1. 感兴趣。
   ↓
2. 将感兴趣的事物与其他事物联系起来。
   ↓
3. 提出疑问。
   ↓                    ↓
4. 依据逻辑推断出答案。    4. 设定一个可以解释疑问的假设。
                         ↓
                      5. 验证假设是否成立。
```

通过关注和观察来不断验证所提出的假设也是一种训练。只要我们能够坚持下去，我们的发现力就会不断提高。

5. 旭山动物园比上野动物园吸引游客多的原因是什么？

说到北海道旭川市的旭山动物园，在日本，它的改革已经广为人知，它每年能吸引三百多万名游客，甚至超过东京的上野动物园，其原因是什么呢？

事实上，我曾经带客户去旭山动物园参观，并进行过管理培训。参加者是十九位中小企业的社长和高管。

在那里，我给他们布置了一个课题："假设你们是旭山动物园的园长，请思考如何进一步增加游客数量。"首先，我们花了大约两个半小时在园区内参观，回来后，大家在白板上写下了自己的想法。

在这里，我先简要介绍一下旭山动物园的情况。那里并没有特别珍稀的动物，而且由于动物传染病接连发生，在二十世纪九十年代中期日本经济泡沫破裂时，这家动物园每年的游客仅有二十多万人，动物园经营非常艰难。

然而,从1997年开始,情况发生了巨大的变化,现在,它不仅吸引了日本国内的游客,还吸引了来自国外的游客。这种变化的原因之一是动物园的管理人员改变了动物园的展览方式——从一般的展览方式改为更贴近动物自然行为的展览方式。

人们可以在企鹅泳池的水中隧道里看见企鹅游泳的样子,在模拟的自然环境中看到自由活动的狮子和老虎等猛兽,这样的展览方式非常受游客欢迎。

给我印象最深的是长颈鹿园。大部分动物园都有长颈鹿,但游客能给长颈鹿拍摄正脸纪念照的动物园却并不多见。长颈鹿园周围的道路被设计成了缓坡,游客走到缓坡的上方时,游客的脸与长颈鹿的脸的高度几乎相同。因为缓坡旁边有喂食箱,所以长颈鹿也会走到游客旁边进食。

这家动物园的总体情况就是这样,如今其入园人数的世界排名已经是第十四位了。如果动物园还想继续提高游客数量,那么各位读者有没有什么妙招呢?

再回到前面我们讨论的内容。我请十九位有企业管理经验的游客写下了他们的建议。

以下是十九位管理者提出的建议：

"此处地势较为陡峭，为了方便老年游客行走，公园可以增设方便老年游客行走的人行道。"

"动物园的讲解员可以用更通俗易懂的语言进行讲解。"

"动物园的管理者可以把油漆剥落的地方修补好。"

……

坦白说，这些回答差不多都是外行人的回答。它们没有脱离"改善"的范畴，正因为如此，我的经营顾问工作才有意义。

正如我刚才所说，我们要**提出疑问并建立假设**，这一过程尤为重要。

首先，我们必须提出一个根本性的问题：为什么一个在偏远的北海道旭川市的没有特别珍稀动物的动物园，能吸引来自全日本乃至全世界那么多的游客？这是最初的问题。

你不觉得这很不可思议吗？

如果不提出这种根本性的疑问，我们就只能想到眼前的改善措施。

难道人们会因为寻求更加方便行走的人行道和更加通俗易懂的解说而来动物园参观吗？显然，这与该动物园受欢迎的"本质"完全不符。

那么，人们为什么喜欢到这家动物园来呢？

我认为，这家动物园受欢迎的原因之一是游客可以在这里看到其他动物园看不到的动物行为，比如企鹅散步（这是该动物园冬季时最受欢迎的项目）。因此，我们可以考虑增加类似的项目。

如果我的推测没错的话，人们是因为想看到在其他动物园看不到的动物日常行为而来到旭山动物园的，这一点可以作为一个对上述疑问的回答和假设。

虽然这个答案没有什么不好，但如果进一步深挖，就会引出另一个问题：人们为什么想看动物的日常行为呢？

看动物的日常行为，似乎也没有什么特别的地方，而且，通过电视，我们也可以近距离地看到许多野生动物在自然环境下的日常行为。

因此，我认为人们并不是单纯为了看动物的日常行为而来到这家动物园的。

那么,他们究竟为何而来?

我认为,他们是为了"感动"而来。

当游客们近距离看到长颈鹿的正脸时,当小熊猫突然敲响了游客们眼前的窗户,吓了他们一跳时,游客们被深深感动了。

因此,人们是为了寻求感动而来到旭山动物园的。这个假设就成立了。

基于这个假设,为了进一步增加入园人数,我开始思考以下问题:怎样才能让人们不断地被感动?

从这个角度出发,我想到的是举办音乐会。不是那种高雅的音乐会,而是那种大家都能参与的音乐会。比如,下午三点钟的时候,大家聚集在大象的周围,一起唱《大象先生之歌》之类的歌曲。下午四点钟的时候,在熊的周围唱《森林里的熊先生》之类的歌曲。动物园可以每年举办两次盛大的音乐节,邀请一些音乐人来这里进行表演,也可以举办像迪士尼乐园花车巡游那样的游行活动。

这个创意能带来多少客流,我还不清楚。

但是,基于"人们是为了寻求感动而来"的假设,只要我们设计一些能够不断感动游客的活动,我想其效果一定不错。我对此充满信心。

而这一切都是从问"为什么"开始的。

6. 为什么不断扩大的养老行业不如少子老龄化背景下的教育培训行业赚钱?

那么,让我们先结合旭山动物园的例子来解答一下之前提出的疑问:在少子老龄化的社会背景下,养老行业为什么不如教育培训行业赚钱?我们可以稍微探讨一下这个问题。

事实上,我同时拥有这两个行业的客户。确实,与养老行业相比,教育培训行业更赚钱。养老行业的市场本身正在迅速扩张,虽然从日本养老保险开始实施以来,养老行业的市场规模从五兆日元增长到现在的八兆日元,但养老行业却不如教育培训行业赚钱。

是因为养老行业需要投入大量人力,人工成本高吗?是的,这确实是一个原因。

我认为,除此之外,还有一个原因。因为养老行业是一个快速成长的行业,很多企业加入其中,基础设施建设和人力资源投入都需要大量的资金，这就导致这个行业的整体成本上升，利润变薄。

相反，对经营课外补习班的教育培训机构来说，由于少子化现象，孩子的教育费用有逐年增加的趋势，每个孩子的课外补习班课程单价提高了，因此，教育培训行业的利润率较高，也更赚钱。

进一步说，尽管课外补习班现在很赚钱，但毕竟少子化是一个不可忽视的问题，教育培训行业未来的市场不太可能继续扩大，因此，打算进入这个行业的大企业较少，价格激烈竞争的局面也不容易出现。

那么，基于这些理由，我们可以提出怎样的假设呢？

人们倾向于为下一代花钱，而不太愿意为自己花钱，是吗？

也可以这么说，在这一方面，大家可以自由发挥。

7. 视察工厂时，经营顾问会关注哪些方面？

正如我之前提到的，要洞察事物，首先需要建立假设。而这些假设通常来源于我们的兴趣或疑问。

在前文中，我介绍了为了培养兴趣和提出恰当假设所需的一些基本技巧，包括如何通过分解目标的方式来聚焦关键点，不知你是否还记得。在这里，我将介绍另一种建立假设的技巧。

我们要找一个可以推测整体情况的关键点。

由于工作关系，我会视察一些工厂。年轻的时候，我在银行工作，也经常去视察工厂。尽管如此，因为我不是制造领域的专家，所以即使我看了机械设备，也无法立刻了解这些机械设备运行的情况。

那么，视察工厂时，我到底在看什么呢？

我在看地板。

地板干净的工厂，通常在经营管理上问题不大。

这是我提出的一个假设。

即使地板稍微有点儿脏，对企业生产的影响也不大，因此，在打扫卫生的时候，许多工厂的地板通常是最后才被清理的地方。而且，它也是很容易被弄脏的地方。如果一家工厂的地板能够保持干净，那么，我认为，这家工厂的生产流程也应该是井然有序的。

实际上，我视察过许多工厂，已经证实了这个假设基本正确。

按照这种思路视察办公室，我会先看办公室里的植物。因为员工们往往在完成其他事情之后，才能顾得上养护植物。通过观察植物是否得到了精心照顾，我可以判断出公司员工整体的工作状态。另外，因为一些公司的植物是租来的，有专人照顾，所以办公室其他地方的整洁程度也需要纳入考察范围。

据说，一流的日料店和温泉旅馆的接待人员能通过客人的鞋来大致判断他们的身份，我认为，其中的道理是一样的。

他们不仅会看客人的鞋是否是高档鞋，还会看客人的鞋是否干净，鞋跟是否有磨损等情况。如果不经常打理，鞋很快就会变脏或损坏。

这样，通过关注和观察事物的某一个方面，我们可以建立一个能够反映其整体情况的假设，从而更真实地看待事物。

8. 一些企业的广告消失了，我从这一点了解到这些企业的兴衰

我再介绍一种建立假设的技巧。

这是一种能够发现其他人未曾注意到的事物的技巧。

简单来说，就是**关注那些已经消失或不复存在的事物**。

我们很容易注意到新出现的事物，却很难注意到那些已经消失的事物，因为我们已经看不到它们了。

只要我们能对身边的事物保持这种关注，就会逐渐明白这一点。

举一个生活中的例子，这是大约十年前的事。你注意到日本的人行横道的变化了吗？以前的人行横道和现在的人行横道不一样。

人行横道两端的纵向线不见了。现在日本的

人行横道只有横向线。但是，即使只有横向线，我们也能认出那是人行横道，因此，一般人很难注意到纵向线的消失。顺便说一下，纵向线之所以消失，是因为下雨时，雨水会在那里积聚，不便于路人行走。

将这一原则应用到电视广告中，我们可以了解企业的兴衰。

当出现引人注目的新广告时，我们的目光易被新广告吸引，但那些立志成为观察专家的人需要另一种视角。

也就是说，与其过多地关注新广告，我们不如多关注那些已经消失的旧广告。仅此一点，就足以让我们了解哪些行业在衰退。

例如，前阵子，无抵押消费信贷广告大幅减少，造成这种现象的直接原因是春季以来日本政府对信贷行业的整顿以及贷款上限利率的降低，信贷公司可能面临困境。

不过，最近，信贷广告似乎又有所增加，或许信贷行业正在逐渐恢复。

关注已经消失的事物，我们可以从另一个角度

看待当下的形势。

那么,我们为什么往往注意不到那些已经消失的事物呢?让我们来分析一下其中的原因。

我在第一章中提到的"关注"是原因之一。

也就是说,我们要看到某个事物,需要对它"有兴趣"和"关注",但是我们通常只对出现的事物感兴趣,对消失的事物不感兴趣。

普通人不会去关注消失的事物,因此,我们也就看不见消失的事物。换句话说,实际上,很少有人会关注消失的事物。

然而,我还想补充一句,我之所以对不再播放的电视广告产生兴趣,也是基于我的一个"假设"。

就像通过观察绿色车厢邻座空座的情况来判断经济状况一样,我的假设如下:当企业营收出现问题时,首先会削减三项开支——管理费、交通费、广告费,而广告费就是其中的一项。

众所周知,在电视上投放广告是需要花很多钱的。黄金时段节目的赞助费动辄数亿日元。因此,在日本泡沫经济崩溃后,我很快就注意到银行和证券公司的电视广告急剧减少。在此之前,银行和证券公司的电视广告是非常多的。

因此,当回想起那些消失的事物时,我们就可以发现哪些事物正在衰退。

9. 戴劳力士金表的社长的公司真的赚钱吗?

我刚才提到,在建立假设时有一个技巧,那就是找到一个能推测整体的"点"。反过来说,如果这个"点"找错了,那么我们就会对事物产生误解。

我刚开始做企业经营顾问的时候,经常上社长们的当。

他们往往滔滔不绝地说着漂亮话,有的人还戴着非常昂贵的劳力士金表,让别人误以为他们把公司经营得很好。

但是,后来我才明白,原来社长手腕上的劳力士金表并不是代表公司业绩的"点",而是引导我们产生错误联想的"标签"。

也就是说,我们的假设有时会变成错误的"标签",这样一来,反而让我们看不到真相。

"标签"这个词,喜欢心理学的朋友应该是比较熟悉的，它通常是指先入为主的观念。

让我举一个例子来说明。这是一个心理学实验，参加实验的人是精神科医生。

在实验中，实验人员将几名精神完全正常的人作为患者带到精神科医生面前，结果显示，许多医生给每个"患者"都做了精神疾病的诊断。

这是因为精神科医生有这样一种先入为主的观念：既然来看精神科，肯定是有某种精神疾病。这就是所谓的"标签"。即使是对心理学有深入研究的精神科医生，也存在着先入为主的观念。

每个人或多或少都带有一些先入为主的观念。这些先入为主的观念会让我们对事物有错误的判断，或者让我们对显而易见的事实视而不见。

那么，为了避免这种情况，我们应该怎么做呢？

我们应该质疑先入为主的观念。

先入为主的观念之所以可怕，是因为我们往往意识不到自己有先入为主的观念。例如，有些人认为自己不会根据学历来判断一个人，却特别在意自己子女的学历。

我们面临这样一个根本问题："这个假设真的正

确吗？"

如果养成了这样的思考习惯，我们对事物的看法会发生很大的变化。

此外，一旦建立了假设，我们就需要不断地进行验证，以避免形成我之前提到的对新干线检票机取票方式的刻板印象。验证的过程需要我们仔细观察。如果发现一定数量的例子与假设不符，那么我们就必须果断舍弃那个假设。

因此，我最初也以为"戴劳力士金表的社长的公司肯定是盈利的"，并且用这样的刻板印象来判断客户的公司。但是，现在，我可能不会被骗了。这是因为我现在拥有了判断公司经营情况更准确的假设。

关于这一点，我将在下一章中举几个例子说明。

10. 这样做，能看清事物

① 分析并聚焦关键点。
② 关注已经消失的事物。
③ 思考有疑问或不可思议的事情背后的原因。
④ 找到一个可以推测整体情况的关键点。
⑤ 质疑先入为主的观念。

第三章

看清事物的方法

1. 辨别优秀公司的方法

在本章中,我将介绍一些具体的例子,说明如何看清事物。由于职业的原因,我列举的这些例子多与公司经营相关。

首先,让我来分享一下我自己常用的辨别好公司的方法。

例如,我在前文中提过,观察公司里植物的养护情况,可以成为区分公司好坏的一个假设(判断标准)。还有,我们要小心,不要被"公司社长戴着劳力士金表"这一情况误导。

在我看来如果员工在公司内单独一人时,将服务对象统称为"某客户",那么这家公司可能不是一家好公司。一家好公司,从董事长到临时工,在公司里,在会议上,在产品说明书上,都会尊称客户为"客户先生/女士"。

我认为,如果客户来电,负责人以"正在开会"为理由拒绝接听,那么这家公司可能不是一家好公司。这是因为公司的销售额不是从内部会议中产生的,而是从客户那里产生的。

在我看来,只设有电话接待的公司,还有那些前台工作人员总是先问"您有预约吗"的公司,也算不上好公司。

我之所以评判这些公司"不好",主要是聚焦一点:比起客户,这些公司的管理人员更重视公司的内部事务。

换句话说,就像我在新干线的自动检票机那一章中提到过的,我有一个假设:"好公司要'以客户为本'。"我通常基于这个假设来观察一家公司。多年企业经营顾问的工作经验证明了这个假设的正确性。

根据这个假设观察"以客户为本"的公司具有哪些特征时,我们会发现一些之前未曾注意到的东西。

此外,员工主动向陌生客户打招呼的公司也是好公司,因为员工的这种行为表明员工的工作状态良好,并且体现了公司"以客户为本"的理念。

说到这里,许多人经常将"以客户为本"的理念与"以员工为本"的理念进行对比。但在某一刻,我意识到一个有趣的现象,这个现象也被我加入到了我的假设之中。

有些公司的老板嘴上经常说"以员工为本",但这些公司员工的薪水却往往相对较低。怎么样?你觉得我的这种说法准确吗?

2. 如何判断一家餐厅是否盈利

在一些餐厅里,我们经常能看到佩戴着"实习生"或"新手店员"标志的店员,让店员佩戴这样的标志其实是很不好的。如果由新手提供服务的顾客可以减免用餐费用,那还好,否则,这样做对前来消费的顾客来说,就非常失礼了。这是因为这个标志代表餐厅默许服务员怠慢顾客。店家或许认为,顾客应该原谅新店员犯的错误。

要判断第一次去的餐厅是否盈利,我们可以根据假设,通过观察店员的行为,来了解这一情况。

在用餐高峰时,店员站着不动的餐厅是不赚钱的餐厅。

一般来说,在日本餐饮业中,除了高档餐厅外,大众餐厅的原材料成本(主要是食材费用)大约占总成本的百分之三十六,特别是连锁餐厅,如果无法将原材料成本控制在百分之三十六左右，那么餐厅可能无法盈利。

在原材料成本上额外增加人工成本，餐厅的总成本就更高了。这就是餐厅的成本构成。

换句话说，如果一家大众餐厅的店员拼命工作，那么这家餐厅应该能够获得一定的利润。但是，如果一家大众餐厅在用餐高峰的忙碌时段，店员看起来很清闲，那就意味着这家餐厅的人工成本可能过高。餐厅没有足够的顾客来消费，餐厅的收入无法覆盖这些人工成本，我们可以认为这样的餐厅利润很少，甚至亏损。

然而，日本高档餐厅的情况却不是这样，即使高档餐厅原材料成本率和大众餐厅的成本率相同，但由于高档餐厅每位顾客的消费单价可能是一万日元至三万日元，因此，餐厅只要接待一桌客人，其收入就足以覆盖人工成本。

从另一个角度来看，对那些想要悠闲地享受美食的顾客来说，高档餐厅正是为了满足他们的这种需求而存在的。

3. 推测企业销售额的方法

我们可以通过观察一些公司经营的细节来获取其经营情况的信息,这样,即使我们不查看财务报表,也能大致判断一家公司是否盈利。

有一个方法可以大致了解一家公司的销售额。如果你问一家非上市公司的工作人员公司的销售额是多少,他们不一定愿意向你透露。但是,在同一行业内,如果你询问这家公司员工的数量,那么你通常可以大致了解公司的销售额,因为每个行业的毛利率(销售额减去成本,再除以一百)通常是固定的。

就目前的情况而言,在日本城市的中小企业中,如果一家公司每人每年能创造大约一千万日元的毛利,那么可以说这家公司是盈利的。而在日本小城镇的企业中,这个数字会根据行业不同而有所变化,通常大约是七百万日元。如果是大企业,这个数字需要达到一千五百万日元到两千万日元，企业才能维持正常运营。

假设成本率为百分之三十，那么毛利率就是百分之七十。如果每人每年能创造七百万日元的毛利，那么每人每年的销售额就是一千万日元。将这个数值乘以员工人数，就可以大致得出总销售额。

另外，毛利中用于支付人工成本的比例，通常被称为"劳动分配率"。平均来说，这个比例大约是百分之五十。无论在哪个行业，如果在一家公司中每人每年不能创造一千万日元的毛利，那么这家公司就无法支付员工数额体面的工资。

因此，即使一家公司的销售额大幅增长，但如果其毛利率很低，工资水平通常也会比较低。有些行业的毛利率甚至低于百分之二十。

4.快速查看财务报表的方法

既然提到了会计,那么我就教大家一种方法,使用这种方法可以一目了然地从财务报表中看出公司的经营状况。

当下,关于财务的话题十分热门,教读者看财务报表的图书往往销量很好,这是因为许多人不清楚自己公司的财务状况是好是坏。虽然许多公司的财务数据都被公开了,但仍然有许多人看不懂这些数据。

但是,只要稍微了解一些查看方法,大部分人都可以轻松快速地看懂财务报表,其关键就是持有正确的假设。

举个有些极端的例子,比如,一个财务困难的公司的社长来找我进行企业咨询,在这种情况下,我会明确地说,我不看他们的财务报表。这是为什么呢?

因为财务报表上的数据已经是几个月前的数据了,那样的数据对我来说几乎没有意义。

我只会问他一个问题:

公司现有资金或能立即变现的有价证券等(流动资金)相当于几个月的销售额?

对中小企业来说,如果公司现有资金小于一个月的销售额,那么我会建议公司社长向亲戚朋友借钱,变卖资产,向银行贷款,以此来筹措资金。

因为资金枯竭,公司就会破产。

公司账面上的数据是赤字还是盈余并不重要,重要的是公司要按时支付应该支付的款项,特别是按时向银行偿还贷款,否则公司就会破产。事情就是这么简单。

这才是公司生死存亡的关键,看其他的东西只会干扰我的判断。

当然,对经营状况相对稳定的公司来说,我会要求看公司的财务报表。如果我只能看一眼财务报表,那么我会重点看资产负债表中流动资产与流动负债的比例。

那些不是会计或经营者的人,一听到我说资产负债表、流动资产等词语可能会感到困惑，甚至想退缩，其实这些东西并不复杂。简单来说，流动负债指的是一年内必须偿还的债务。流动资产，包括现金、应收账款等，即一年内可以使用或变现的资产。

如果只有一秒钟的时间看财务报表，那么我会**看流动负债是否比流动资产多**。

我这样做的原因如下：通常情况下，如果一家公司无法在一年内偿还其流动负债，那么它大概率会破产。即使流动负债很多，但如果公司有足够的现金或应收账款等来覆盖这些负债，那么在短期内，公司应该仍然能够正常运转，这就是我们的假设成立的基础。

当然，我不能说它绝对不会倒闭，但如果只花一秒钟来看财务报表的话，关注这一点，我认为大致是能够看出问题的。如果一家公司在这一点上没有问题，那么它至少在短期内能够继续经营。这是我观察一家公司经营状况的方法之一，也是一种假设。

第四章

培养发现力的方法

1. 比别人多学一点儿

① 从事物的本质开始思考

接下来,我要向大家介绍提升发现力的方法,实际上,这也可以看作是一种学习方法。我为什么这么说呢?因为如果你能通过不断学习和积累,比别人多掌握一点儿知识,那么你观察事物和发现问题的视角就会有所不同。

积累了各种信息后,我们就可以从事物的核心部分深入挖掘,思考事物的本质是什么,从而发现不一样的事物。如果我们真的想学习,就要追根溯源,从最基础的地方开始学习,这样才能了解某个事物现在是怎样的,以及为什么会有这样的事物。

我在从事企业咨询工作的同时,还在明治大学会计研究生院教会计。在那里,我也感受到了类似的事情。大部分在会计研究生院学习的学生，其目标都是成为会计师，但是他们中的许多人在备战注册会计师考试时会出现问题。

在我看来，如果不明白"会计制度是什么""我们为什么需要会计制度""经济和经营的本质是什么"等根本问题，这些备考的学生是无法真正理解会计这门学科的。

会计制度经常发生变化，学生们通常对新制度很熟悉，毕竟他们面临会计考试。但是，当他们面对"为什么要实行时价会计①""我们为什么需要现金流量表"这样的问题时，他们就束手无策了。

也就是说，面对会计专业的问题，大部分临考学生可以回答"是什么"，但回答不了"为什么"。更何况，如果有人问他们"我们为什么需要会计"，或许大部分学生都答不上来，因为他们根本没有考虑过这个问题。

在我看来，思考事物本质的人会比别人有更多令人惊讶的发现。而且，只有那些能够深入思考事

---

① 指以当前市场价格（即时价）为计量基础，对资产或负债进行实时价值评估的会计处理方法。

物本质的人，才能看到更多的"是什么"。

现在我们回到关于会计的话题上。我认为，会计有两个主要作用：一个作用是让公司外部的人客观地了解公司的情况，另一个作用是让公司内部的人了解公司的运营是否良好。

如果明白了这两个主要作用，那么会计制度如何变化以及它应该如何变化，我们自然就清楚了。只要我们多动脑就能明白。

然而，许多学生不愿意动脑思考，试图只依靠记忆力在考试中取得好成绩，因此，他们看不到学习对象的本质。虽然他们知道会计考试中出现的计算题用什么方法计算，但不明白其本质。

以跳远运动员为例，起跳瞬间的技巧对他们来说十分重要，但只训练那一瞬间的技巧是不够的，如果没有起跳前的助跑，他们就无法跳得更远。同样的道理，如果我们希望自己头脑灵活，能够深入思考问题，那么我们就要像跳远运动员努力提升助跑速度一样，努力提高自己深入思考的能力。

反过来说，如果养成了深入思考的习惯，那么我们自然能看清事物的本质。

② 掌握提升发现力的技术工具

对提升发现力来说，还有一个重要的方面，就是掌握"技术工具"。只要掌握了技术工具，我们的发现力就会有显著提升，观察事物就会变得更容易。拥有提升发现力的技术工具可以帮助我们获得更多的启示，也可以为我们逐步分解和思考事物提供助力。

例如，经营顾问之所以能够看到外行人看不到的事情，是因为他们掌握了各种与经营分析相关的技术工具。

比如，你听说过"产品组合管理"[1]吗？这是波士顿咨询公司[2]提出的一种战略或产品分析方法，也是一种技术工具。

如下图所示，纵轴表示市场增长率，横轴表示市

---

[1] Product Portfolio Management，简称 PPM，指企业通过动态调整产品线及项目组合，优化产品结构的宽度、长度、深度和关联性，以匹配市场需求和战略目标的过程。
[2] Boston Consulting Group，简称 BCG，是一家著名的全球性企业管理咨询公司。

场份额(左边高右边低)。市场份额低但增长率高的产品被标注为"问号产品",其未来走向不明朗。市场份额高且增长率也高的产品被称为"明星产品"。相反,市场份额低且增长率也低的产品被称为"失败产品",也叫瘦狗产品"。而市场份额高但增长率低的产品被称为"摇钱树产品",也叫"现金牛产品"。

企业的新产品进入市场时,通常处于"问号产品"位置。这是因为它的市场增长率虽然高,但是市场份额还不大。

从企业经营者的角度来看,如果产品成功的话,它就会成为一个"明星产品",在高增长率的市场中拥有压倒性的市场份额。

随着市场逐渐成熟,增长率放缓,其他公司也开始进入这一领域,广告和宣传的投资也变得必不可少。换句话说,它变成了一个"摇钱树产品"。

假如一个产品不幸变成了"瘦狗产品",那么就意味着它要退出市场了。

这种产品组合管理只是一个技术工具,但是,如果我们能够熟练使用这个技术工具,有些事物就会在我们眼中显现出来。

（成长率）

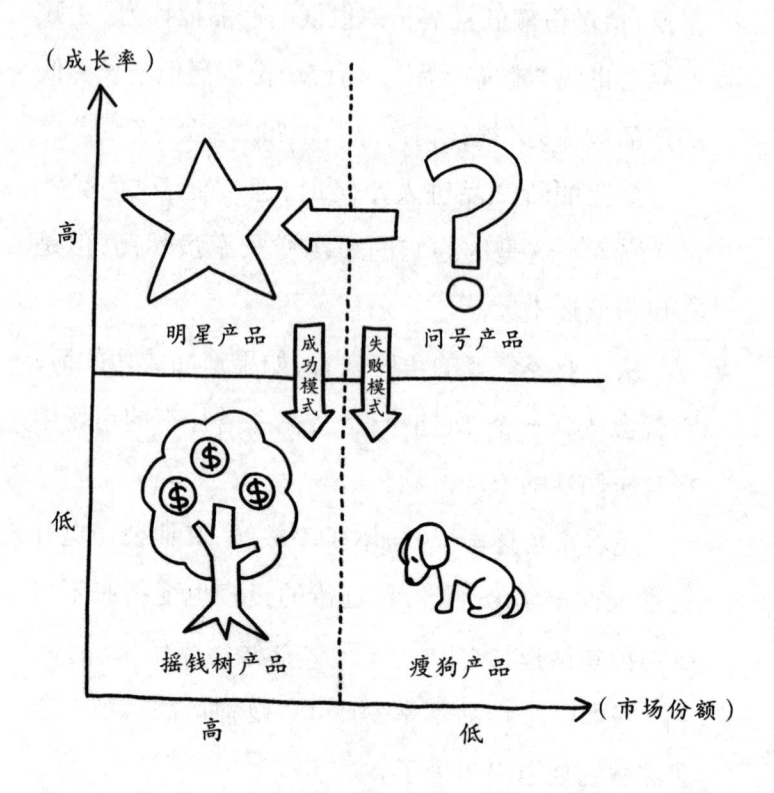

高

明星产品 ← 问号产品

成功模式 ↓ ↓ 失败模式

低

摇钱树产品　瘦狗产品

高　　　　　低　（市场份额）

例如，有一家叫小林制药的公司，它能够不断推出热门商品。这是为什么呢？原因很简单，这家公司的员工每人每月会提出一个产品创意，整个公司每年大约能提出三万多个产品创意，公司管理者在这些产品创意中进行严格筛选，每年将六十个到七十个产品创意转化为产品，作为"问号产品"投入市场。

因此，他们生产了诸如"退热贴""马桶除臭剂"等新奇又好用的产品，在市场上大受消费者欢迎。

当然，这种产品开发模式也会存在一些问题。像"退热贴""马桶除臭剂"这样的产品，虽然一旦成功就能成为"明星产品"，但它们毕竟是依靠创意取胜的产品，因此，很容易被其他公司模仿，很难长期成为公司的"摇钱树产品"。

尽管如此，小林制药仍然不断推出新产品。

换句话说，小林制药这家公司是通过不断创造"问号产品"，并将其转化为"明星产品"，从而发展壮大的。

相比之下，花王公司并没有推出那么多新产品。但是，它拥有许多能够长期销售的产品。

这是因为花王公司本身就拥有表面活性剂和香料制造的核心技术,其他公司很难简单模仿。

因此,拥有核心技术并提前把握市场需求,使得花王公司的产品能够成为"明星产品",由于其他公司的产品难以进入其相关领域并成为"摇钱树产品"。这样一来,花王公司就能够稳定地产生现金流。这就是花王公司能够立足的主要原因。

即使是同行业的公司,各自的战略差异也是显而易见的。

总之,拥有技术工具,可以帮助我们更快地看清事物的本质。

像产品组合管理这样的技术工具,对经营顾问和商务人士来说,可以说是像剪刀一样的常用工具,是用来分析和解剖现象的方法。

③ 积累知识,建立联系

这也是我的假设,不知各位读者是否能理解。

如果我们拥有许多技术工具,那么,相应地,许多事物在我们眼中就会变得可见。例如,马斯洛的需求层次理论与女高中生对大头贴的喜爱,女高中生与名牌女包之间的关系等。

马斯洛是二十世纪中期兴起的人本主义心理学派的主要创始人。

他的"需求层次理论"(也称"金字塔理论")尤为著名。在这一理论中,最底层的需求是"生理需求",第二层需求是"安全需求",第三层需求是"爱与归属感的需求",第四层需求是"尊重需求",顶层需求是"自我实现的需求"。而人类被他定义为不断向自我实现前进的成长型生物。

学过心理学的人应该都了解这些知识。虽然我的专业是法学和经营学,但是我自学过心理学。在研究市场营销理论进入瓶颈期时,我自学了心理学。

"如何让产品畅销"是市场营销理论的核心。然而,尽管市场营销理论在一定程度上能解决问题,但仅依赖市场营销理论,产品是无法真正卖出去的。

因此,我开始尝试从一个全新的角度来思考问题:"人们为什么会购买商品?"这时,我突然意识到,这个问题属于心理学的范畴。

于是,我认真地阅读了几本心理学的教科书,我

自我实现
的需求

尊重需求

爱与归属感的需求

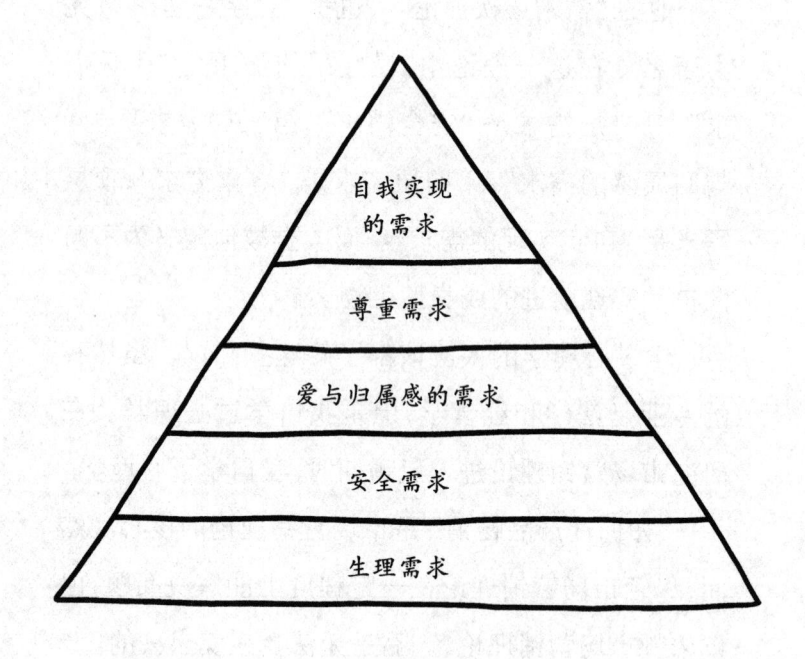

安全需求

生理需求

马斯洛需求层次理论

首先遇到的就是"需求"这一概念。需求可以分为"基本需求"和"次级需求"。接着,我接触到了马斯洛的需求层次理论。

当我读到这部分内容时,我的直觉告诉我:"马斯洛的假设是正确的。"

我用当年风靡一时的大头贴举例。

现在的年轻人都喜欢用手机自带的相机功能拍照,但在数年前,在女高中生之中非常流行拍大头贴。通过仔细观察,我们会发现,她们绝对不会一个人去拍大头贴,一定是四五个人一起去拍大头贴。拍完之后,她们会把大头贴整齐地贴在塑料活页本里。

这正体现了马斯洛第三层需求中的"爱与归属感的需求"——"想要被爱,想要与他人为伍"。女高中生通过跟朋友一起拍大头贴,确认了自己属于某一个好友圈。当时,女高中生流行穿"泡泡袜",也是同样的道理。

在我看来,大头贴这种产品可以称为"友情确认产品"。能满足消费群体这种需求的产品就能畅销。

然而,女高中生们并不满足于此,她们又开始渴望拥有名牌女包,这就是马斯洛需求层次理论第四层需求——尊重需求。她们希望在同伴中获得认可和尊重。

许多成年人喜欢追求金表、豪车、豪宅、私人飞机等象征身份和地位的产品,正是因为它们满足了他们的尊重需求,所以才变得畅销。

那么,毕业之后,女高中生们接下来会做什么呢?她们可能会希望自己变得更漂亮,希望提升个人能力,希望去大学学习等。总之,她们会朝着最后的自我实现的需求前进。当然,在现实中,很多人可能仍然停留在尊重需求的阶段,不再进一步成长。

马斯洛所说的自我实现,并不是说我们要成为自己想成为的人,而是说我们要努力成为最好的自己,我认为这种理解相当准确。

就这样,通过了解马斯洛的需求层次理论,我看到了之前仅凭市场营销理论无法看到的地方。

不过,这也是因为我在市场营销理论的学习中遇到了瓶颈,不得不学习心理学,我的技术工具才变得更加丰富。最终,我把心理学假设与市场营销理论、畅销产品联系了起来。如果最初我不是从商业角度出发学习马斯洛的理论,而是单纯地学习马斯洛的理论,那么现在的情况可能就不同了。

换句话说,**如果想比其他人看得更远,那么我们就需要比他们学得更多,不断增加知识和技术工具的储备**。但是仅仅这样还不够,知识和技术工具被储存起来而不被使用是没有意义的。最重要的是,在需要的时候,我们能够打开大脑中的"抽屉"。**如何组合使用这些知识和技术工具,决定了一个人看待事物的方式**。

那么,我们该如何做好这一点呢?这是一个宽泛的题目,如果只能在这里提一个要点的话,那么我认为**"渴望"**很重要。

在我看来,**认真的态度和迫切寻求解决方案的渴望,才是关键**。

关于这一点,我们稍后再详细讨论。

说一点儿题外话,你知道能象征身份和地位的产品有哪些特点吗?

当然,"高价"和"稀缺"这两点是必不可少的。另外,这样的产品还有"众所周知"这一特点。那些需要长篇大论解释的东西很难成为身份和地位的象征。比劳力士金表更昂贵的手表有很多，但劳力士金表的独特设计让人一眼就能认出它的品牌。奔驰汽车也是如此。这些产品的制造商投入了巨额的广告宣传费用，目的就是提高产品的知名度。

这类产品的另一个特征你猜得到吗？给你一个提示：手表和汽车容易成为身份和地位的象征，而座钟和房子则不太容易。你明白了吗？

这类产品的另一个特征是"**便于携带**"。座钟和房子也可以成为身份和地位的象征，但你要展示这些东西的时候，需要把别人带到固定的地点去。相比之下，可以随身携带的东西展示起来更方便。

这些事情都是我的假设，在研究心理学中的"炫耀"行为时，我想到了它们。

2. 看报纸

① 按照版面次序看报纸

最近，似乎越来越多的人不看报纸了，他们只在网上查看新闻，但我认为，报纸是获取知识的重要宝库，不看报纸实在是可惜。

看报纸的话，我建议你从头版头条开始看，按照版面次序看。

看报纸时，大多数人会先大致浏览一下头版，然后看二版和三版，接着是漫画版、电视版，女性可能会看生活版，男性则可能关注体育版，这样的顺序可能比较常见。当然，也有人喜欢先看文艺版。

实际上，报纸越往后的版面，娱乐性越强。但是，在忙碌的早晨，如果从后往前看的话，可能在看到政治版、经济版或国际新闻版之前，时间就已经不够了。这就是我建议大家按版面顺序看报纸的原因。

我为什么建议大家按照版面顺序看报纸呢？因为这样可以避免我们的兴趣范围过于狭窄。观察事物时，要想比别人看得更清楚，发现的问题更多，我们平时就必须比别人关注事物的范围更广。

人们通常只会关注自己感兴趣的事情。因此，扩大自己的兴趣范围就显得尤为重要。

拥有广泛的兴趣是提高发现力的必要条件。**而报纸正是方便又优质的阅读材料，它可以帮助我们扩展个人兴趣的范围。**

请耐心地从前到后依次看报纸的头版、二版和三版。这也是一种训练。这样做，我们会不由自主地接触到对商务人士来说必不可少的政治、经济和国际形势信息。一开始，我们只需关注标题即可，然后每天重复这个过程。

如果每天早上都这样从头版开始不间断地看报纸，那么，随着兴趣的增加，我们对事物的观察方式也一定会有所不同。

② 通过经济数据定点观测来验证假设

每周，我都会仔细阅读《日本经济新闻》周一的经济统计数据。

虽然这只是我个人的兴趣，但实际上它对我的工作帮助很大。

该栏目的名称是"景气指标"，占据报纸的整个头版。左侧半版为日本的经济统计数据，右侧半版则每周交替呈现不同组合：上方两栏有时是美国数据，有时是一栏美国数据和一栏欧洲数据，有时是一栏美国数据和一栏亚洲数据，如此循环。

这些数据包含了几乎所有分析经济所需的统计信息，但奇怪的是，似乎很少有人关注这些数据。实际上，这些数据非常重要。

例如，在左侧的日本国内数据中，左上角是日本的国内生产总值（GDP）。接下来是日本银行的短期观察数据和矿业生产指数。第二部分的最左边是开工率指数，随后是半导体相关的数据、粗钢生产量等。

第三部分则是现金工资总额,旁边是就业相关数据,包括完全失业率和有效招聘倍率。再往下,在报纸的中间位置,有日本家庭消费支出、新车销售量、百货店销售额等信息。

十多年来,只要能买到《日本经济新闻》,我每周都会看这份报纸。这可以说是我的"定点观察"。通过这种观察,我可以发现很多东西,也能验证自己的假设。

③ 聚焦重点,阅读经济统计数据

另一种看"景气指标"的方法是专注地阅读报纸上自己感兴趣的内容。

目前,我关注的是第三部分最左边的"现金工资总额"这一数据,尽管坊间都在传"经济好转了",但数据显示,今年同比去年却是负增长。接下来我会查看日本家庭消费支出和百货店销售额。这些数据也表现出了停滞不前的状态。

我认为,这种情况大致可以总结为这样一个循环:**普通人的工资没有上涨,由于工资没有上涨,消费也无法增长,进而影响百货店的销售额。

因此,我接下来关注的是第四部分列出的物价数据,包括"日本国内企业物价指数""消费者物价指数""进口物价指数"。在这里,我们需要关注的重点是进口物价。

在过去四年左右的时间里,日本进口物价上涨了四成多。进口物价指的是进口商品的价格,比如原油价格和铁矿石价格等,平均来看,这些商品的价格大概上涨了百分之四十。虽然你可能会觉得廉价商品的大量进口会拉低进口物价,但总体平均下来,与四年前相比,进口物价实际上已经大幅上升。

接下来,我们看"日本国内企业物价指数",这是指批发物价的数据。企业采购的商品价格受进口物价上涨的影响,在过去三年到四年里,批发物价上涨了大约百分之七到百分之八。

然而,另一个指标"消费者物价指数"却呈下降趋势。整体来看,消费者物价指数实际上仍在下降,不可思议吧?

进口物价上涨了百分之四十,企业的采购价格上涨了百分之七到百分之八,但最终商品的价格却没有上涨,问题出在哪里呢?

在这里,"现金薪酬总额"的数据又呈现出不同的景象。虽说经济大环境变好了,但"现金薪酬总额"却在下降。这是因为虽然采购价格上涨,但最终商品的价格无法提升。怎么办呢?有一个解决办法就是压低工资。

在这里,还有一个不得不看的数字,那就是失业率。

企业支付的现金薪酬总额在下降,失业率也在下降,现在已经降到百分之三左右。

与此同时,"有效招聘倍率"却在上升。有效招聘倍率是指求职人数与招聘岗位数的比例。在2001年前后的日本,这一比例是零点五六,也就是说每一百个求职者只有五十六个工作岗位。而现在,这一比例已经上升到一点零五到一点零九之间。这就意味着,一个找工作的人,如果不挑工作的话,在日本全国范围内,肯定能找到一份工作。

尽管薪酬总额没有上涨,但就业形势变好了。你知道这是怎么回事吗?

"非正式员工在增加。"这个假设让我感到了压力。

为了确认这一点，仅阅读《日本经济新闻》是不够的，实际上，正式员工的有效招聘倍率只有零点五左右。

也就是说，企业无法提高最终消费品的价格。例如，便利店的商品根本没有涨价，支付的薪酬总额也无法提高。尽管如此，企业还是需要人手。那么怎么办呢？企业会招聘兼职员工或派遣员工，而不是正式员工。

这样一来，派遣员工和兼职员工的有效招聘倍率在一点三以上。而另一方面，正式员工的有效招聘倍率只有零点五左右。

总之，就统计数据而言，只要仔细观察，我们就可以发现那些看似无关的数据之间的关联。

点连成线，线连成面，最后形成一个立体图。

我们不仅要观察数据，还要建立假设，再将这些假设组合起来，事物才能在我们眼中显现出来。

然后，再重复这一过程。

普通人看数据总觉得看不懂，其原因是他们只能看到点，而无法将点连成线。

首先,我们必须用时间序列来观察数据。

其次,就像刚才提到的"景气指标"的观察方法一样,我们必须查看数据之间的关联性,在提出"这两者之间是否有某种关系"的假设的同时进行观察。

我将以上内容总结如下:

<1> 通过数据进行观察。
<2> 以时间序列进行观察。
<3> 在提出关联性假设的同时进行观察。

只要我们平时留意观察这些数据,我们就会发现很多之前没有注意到的事物。

④ 观察多个数据时,要思考它们之间的相关性

现在让我们再举一个关于刚才解释过的观点的例子,即如何将"数据"这些点连成线,然后将线连成面,进一步将面连成立体图。

在《日本经济新闻》的经济指标中,我最近主要

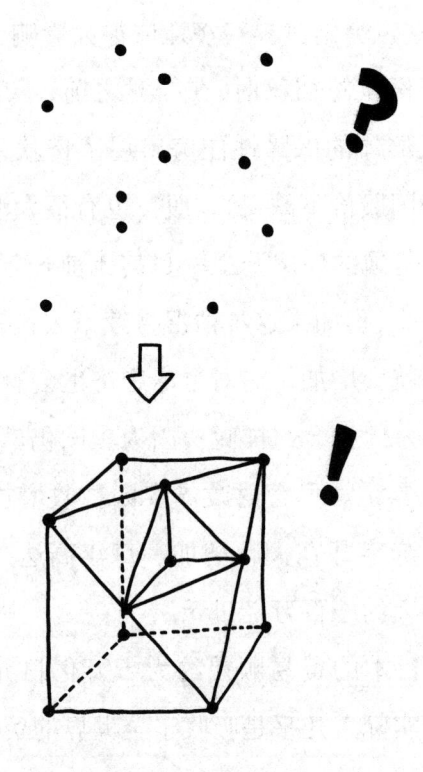

将点连接成线，再扩展到面，很多东西就会显现出来。

关注的是美国就业统计数据和美国住房开工数。

今年美国的住房开工数比上一年减少了百分之二十,这样继续下去的话,美国经济崩溃的可能性很大,这也会给世界经济造成很大影响。(本书在今年六月份撰写初稿时,在校对之前,不出所料,美国低收入群体的保障性住房出现了贷款呆账问题,这导致美国股价下跌,日本股市也有很大波动。)

美国的住房开工率目前比前一年下降了约百分之二十,但如果这种情况持续下去,美国经济崩溃的概率就会增加。这对全球经济也会有重大影响。

为什么会这样呢?因为美国仍然背负着巨大的贸易赤字。尽管财政赤字因税收增加有所改善,但贸易赤字却在大幅增加。每年高达八千亿美元,相当于大约一百万亿日元。

日本的贸易顺差约为十万亿日元,美国的贸易赤字实际上几乎是吸收了全世界的贸易顺差。

那么,为什么会这样呢?这是因为美国经济状况良好,民众的个人消费能力高。

美国国内生产总值的百分之七十左右都是来自个人消费。而且,支撑这种个人消费的基础是住房。

美国人对住房的观念与日本人大不相同,如果自住房的房价上涨,他们会以此为担保去申请房屋抵押贷款。

换句话说,如果用二十万美元买到的房屋价格上涨到三十万美元,他们不会搬家,而是会选择重新将房屋抵押贷款,向银行借钱,将这个差价变现。这个过程被称为"套现"。

他们会用套现的钱做什么呢?他们可能会去海外旅行,购买汽车……这种做法对日本人来说是难以想象的,这是一种日本人和美国人在思维方式上的差异。

正是这种旺盛的个人消费支撑着美国的经济。因此,可以说美国国内生产总值(GDP)的百分之七十是由借贷支持的个人消费支撑的。

然而,反过来说,在某种程度上,正是因为美国人从世界各地购买商品,美国才会出现贸易赤字。

美国的贸易赤字实际上也可以视为由其他国家的贸易顺差造成的。

因此,如果美国的住房建设量下降,将会对日本经济产生难以估量的影响。

正如我刚才提到的,日本的个人消费并不旺盛。目前经济状况较好的原因是原材料和能源价格上涨,使钢铁和能源行业的企业表现良好。这些企业正不断进行设备投资。

但基本问题是,消费仍然低迷,一部分人完全没有受益。这是因为劳动者的工资总额没有上涨。

因此,我认为,一旦美国经济下滑(实际上已经开始下滑了),这种状况会持续较长时间,将对世界经济产生巨大影响。

这样,美国的"住房建设量"这个"点",与美国的"个人消费"这个"点"连接成一条"线",进而形成"贸易赤字",最终影响到其他相关国家的经济,甚至全球经济这个"面"。

这也是我从假设中可以看出的东西。

能够看出这些,是因为我每周都在观察那些数据。

通过这种方式,把"数据"的"点"连成"线",再把"线"变成"面",进而把"面"变成"立体图"。如果能这样看问题,那么即使我们没有学过经济学,不听评论家的分析,也能明白现在是什么因素在威胁世界经济。

⑤ 带着假设,阅读新闻和信息

那么,如何才能像那样看待数据和文章呢?乍看之下杂乱无章的信息,真的可以"点连成线、线连成面"吗?其实,把他们联系起来的关键还是兴趣和假设。

有了兴趣和假设,必要的信息就会自然地进入我们的视野,并相互关联起来。

实际上,我刚刚写完一本关于并购的书。并购专家不一定依赖普通人无法获取的内部信息来推进并购。相当多的信息最初来源于报纸或杂志,是任何人都可以接触到的。

我在银行工作的时候,就靠《华尔街日报》上的一篇小文章促成了一桩并购。

但不幸的是,即使面对同样的信息,普通人往往看不到任何东西。因此,专业人士才能成为真正的专家。

不用说,专业人士都有他们的假设,因此,有用的数据和文章自然会被他们发现,而普通人却看不到。

因为专业人士能发现一些信息,所以他们能进一步提出更具体的假设,从而发现更多的东西。

3. 多看普通的事物

① 多看正常的事物

去年,我的肺部检查出了一个肿瘤,并接受了切除手术。能在早期发现并处理这个肿瘤,是因为我定期接受体检。尽管PET-CT①检查没有发现问题,但在CT②检查中,体检科的医生发现了这个肿瘤。

仔细想想,这真是不可思议。外行人完全看不懂的CT影像,医生却能看出问题。我问医生:"你为什么能做到这一点?"他说:"因为我看了很多正常的CT影像,所以能分辨出来哪些是有问题的CT影像。"

---
① 正电子发射断层-X线计算机断层组合系统,可广泛应用于健康体检和肿瘤诊断、疗效评价与监测。
② 计算机断层扫描,一种医学影像技术,广泛应用于各种疾病的诊断。

原来这也是一种发现问题的方式。

在经营指标方面,我们只要了解一家企业所在行业的公司经营指标的平均值,就能知道这家企业的经营状况是否良好。医生也是如此,他们观察过许多健康人的CT影像,因此能发现病人影像的异常之处。

换句话说,如果我们只关注异常情况(比如疾病),就无法分辨某个观察对象的情况是否正常,但如果能观察大量的观察对象的正常情况,那么我们就能很快发现某个观察对象的异常情况。

② 与平凡之物进行比较

刚才提到的肿瘤是一种十分糟糕的"异常情况",但反过来说,对于超出标准水平的卓越事物,我们只有在了解平凡之物后,才能认识到其卓越之处。

大阪丽思卡尔顿酒店以其优质的服务而闻名,在大阪参加研讨会时,我曾经住过这家酒店,但直到现在我才明白它的口碑为什么这么好。

这家酒店的标准间大约有六十平方米,非常宽敞，房间的照明令人感到舒适，床垫很柔软，服务也相当不错，至少我是这么认为的。

有一次，因为某些原因，我不得不住进另一家酒店。我暂且不提这家酒店的名字，它也是日本顶尖的酒店之一。这家酒店的房间同样宽敞，员工的待客态度和服务也是一流的。

我意识到丽思卡尔顿酒店的入住体验优于这家酒店，是在我某天早上醒来时。那天早上，我被一阵声音吵醒了，那是空调突然发出的很大的噪声。直到那时我才意识到，丽思卡尔顿酒店的空调是没有噪声的，我不知道它是怎么做到这一点的，但在那之前，我完全没有注意到这一点。

换句话说，**好东西是对比出来的**。如果一直住在丽思卡尔顿酒店，我可能永远不会意识到这一点。

如果我们想要识别出特别的事物，那么我们平时就需要**大量观察各种各样的平凡之物**。

类似的事情在成田国际机场也发生过。我经常去海外出差，去过很多不同的机场，正是这个原因，让我意识到了成田国际机场"以客户为本"的服务理念。比如，在成田国际机场取行李的时候，你会发现手提箱的把手一定是面向乘客的。

在一些国外的机场取行李的时候,我发现行李箱的把手是朝内的,有时,两个行李箱会叠放在一起。有一次,我去关岛参加研讨会,在机场取行李箱时,看到许多行李箱像滚雪球一样从传送带上掉下来。实际上,在很多机场,确实经常有行李箱从传送带上掉下来。但在成田国际机场,我没有遇到过这种情况。

我好奇地查了一下,原来,为了让乘客更容易拿取行李箱,成田国际机场的工作人员会手动调整行李箱的方向,确保行李箱的把手朝外。虽然许多新建的航站楼已经使用机器来做这件事,但我听说,最早建成的第一航站楼仍然是由工作人员来调整行李箱把手的位置的。

如果我只了解成田国际机场的话,可能就意识不到这一点,更不会想到"以客户为本"的理念。

通过与许多平凡之物进行对比,我们才能意识到卓越的事物的价值。

4. 追求问题解决的极致

① 积累解决问题的经验

最近，我经常听到"解决问题不如发现问题"的说法。问题发现力实际上是一种发现力。

例如，我在前文中提到的小林制药，这家公司的工作人员在听取客户反馈之前，就已经开发出了客户想要的产品。这是因为他们在客户提出需求之前，就发现了这些需求。

换句话说，问题发现力与想象力、策划力和创造力有着密切的联系。人们普遍认为，提升一个人的问题发现力比提升一个人的问题解决力要困难得多。

问题解决力与学习力一样，可以通过训练提升，但提升问题发现力则没有那么容易。

那么，怎样才能提升一个人的问题发现力呢？

我得出的结论是，**只有将问题解决做到极致，才能提高问题发现力。**

让我意识到这一点的，竟然是每天早上打扫办公室的工作。

大多数中小企业是每天早上打扫办公室的，我的办公室也是如此。打扫卫生意味着清理脏乱的地方，这实际上就是在解决问题。但是，如果只打扫房间的一半，那么房间剩下的一半仍然是脏的，我们可以通过这种方式发现问题。

据说，有些公司会让员工花上六七个小时研磨铁管，并将这件事作为员工培训的内容。一开始，他们让员工用粗砂纸打磨铁管，铁管表面渐渐变得干净。当换成细砂纸打磨铁管时，员工会发现之前没有注意到的细节问题。

换句话说，我们越是试图解决某个问题（即努力使某个事物变得更好），就越能发现其他相关的问题。

因此，解决问题实际上是发现问题的前提之一。许多问题是在解决问题的过程中逐渐被我们发现的。

我认为丰田公司的"改善"理念也是如此。这家公司的员工通过不断改善产品，发现了许多以前未被发现的问题。

经常听到其他公司的人反馈说，借鉴了丰田汽车公司的营销方法，结果并不理想。这可能是因为他们只在形式上模仿了它的营销方法，而没有真正掌握其精髓。换句话说，他们没有引入丰田公司员工改善产品的思维方式和提高问题发现力的意识。如果只是在形式上模仿营销方法，品牌是塑造不起来的。

说到发现问题，一般来说，比起普通员工，公司管理者往往能第一时间发现公司内部的各种问题。

例如，"地上有一块不起眼的纸屑""复印机的盖子没盖好"，最先注意到这些问题的往往是公司管理者。另外，指出意料之外问题的人也往往是公司管理者。

这是因为能够成为公司管理者的人，不仅问题解决力很强，而且问题发现力也很强。反过来说，正是因为他们在一线积累了大量解决问题的经验，才能更清楚地知道哪里有问题,并且知道接下来可能会出现什么问题。

此外,责任感带来的危机感和认真态度也会影响他们的问题发现力。

因此,积累丰富的解决问题的经验是非常重要的。这些经验可以帮助我们提升问题发现力。

② **彻底执行**

刚才我提到了我们公司打扫卫生的例子,我经过进一步思考后发现,比起每次轮流清扫不同的地方,固定一个区域进行清扫更容易发现问题。

一直清理同一个区域时,你会发现这里有这样的污渍,那里也有这样的污渍,这把椅子有破损……如果我们只是漫无目的地打扫房间,那么即使打扫一万遍,可能也不会发现这些问题。

也就是说,我刚才提到我们要积累解决问题的经验,但更重要的是,如果我们只是随意地解决问题,而没有彻底解决问题,那么我们就无法发现其他相关问题。因此,在解决问题时,我们必须把问题彻底解决。

另外,管理者在指导员工工作时,应该要求他们彻底执行每一项任务,这对提升员工的问题发现力至关重要。

如果我们能够彻底解决某个问题,那么我们很有可能会有新发现。

换句话说,解决问题的关键是"彻底",这意味着我们在解决问题时不能流于表面,要深入解决问题。

"彻底"这个词让我想起我们公司主办的旭川研讨会。在那场研讨会上,"山头火拉面"的创办人做了精彩的演讲。他原本在服装行业工作,后来自己创业,在旭川开设了一家非常成功的拉面连锁店。

这家店是旭川拉面的代表店铺之一,他家拉面的特点是用猪骨汤做汤底,汤底的味道清淡,没有腥味,配上特制的面条,非常美味。

我对拉面了解不多,但从这次演讲中,我重新认识到,无论在哪个领域,只要我们愿意深入钻研,总会有新的发现。例如,面条成分中的钠含量和钙含量会影响面条的味道,这些细节在其他店铺的拉面中可能会有所不同,比如,有些店铺的拉面的钠含量可能较少。

通过彻底思考、反复试验和追求极致,我们确实可以注意到一些我们以前未曾注意到的事物。

5. 扩大兴趣的范围，深化理解的深度

① 尝试购买一些自己不太感兴趣的报纸和杂志

对许多事物感兴趣的人往往能发现更多东西。这是因为他们的知识储备增加了。随着知识储备的增加，他们的兴趣会进一步增加，也更容易提出假设。因此，我建议大家从头版开始按版面顺序看报纸，看不同类型的报纸。

商务人士通常会看《日本经济新闻》，我也建议大家这样做。但只看这一份报纸不够，我们还需要看其他报纸。因为公司存在于社会之中，经济是社会的一部分。因此，其他的报纸也要看一看，这样做可以使我们广泛地关注社会，对许多事物保持兴趣。

《新闻周刊》[1]里的许多内容与我的工作没有直接关系，比如一些外国政坛的新闻。我会在空闲时随意翻阅这些报道。通常我不会特意去看这些文章，但既然买了这本杂志，我偶尔也会翻阅一下。

同样，我最近也开始有意识地看电视。曾经有一段时间，人们常说看电视不好，应该多读书。因为看电视时，人的大脑是被动获取信息的，而读书时，人的大脑是主动获取信息的。

但从另一个角度来看，正因为读书是一种主动的行为，我们往往会选择自己感兴趣的内容来读。与此相对，电视可以让我们接触到一些我们完全不感兴趣的内容。这样，我们关注事物的范围就会逐渐扩大。

② 进行深化兴趣的训练

那些所谓"御宅族"[2]，在某种程度上都是比较执着且专注的人。

---

[1] 一份日本新闻杂志。
[2] 广义上是指热衷于各种亚文化，并对该文化有深入了解的人。狭义上是指热衷动画、漫画以及电子游戏的人。

我并不是要为"御宅族"说话,但"御宅族"确实是一群执着力和专注力都比较强的人。

基于这种执着和专注,他们会提出假设。**提出假设并进行验证,就可以知道这个假设是否成立。如果假设不成立,他们会继续提出其他的假设,这样持续下去。**

例如,当推出新产品时制定的销售策略没有奏效,执着且专注的人会想:"这次不行,下次试试别的方法。"他们会执着于如何让这个产品大卖,并专注于提出其他假设。因此,有时他们会感到苦恼。

然而,不执着且不专注的人可能会说:"啊,产品没卖出去。没办法了!可能是运气不好吧!"仅此而已。他们不会因为产品销量差而感到苦恼。

虽然普通公司的管理者可能不会太重视那些只对特定的事物执着且专注的"御宅族",但一般来说,那些能够对某件事执着且专注的人,对其他许多事情也能执着且专注。相反,对一件事都无法执着且专注甚至提不起兴趣来的人,可能对其他许多事也都难以产生兴趣。你觉得是这样吗?

换句话说,我们执着和专注的程度体现了我们对事物关注的深度。而且，随着我们关注的广度和深度的增加，事物会逐渐在我们眼中清晰起来。

之所以这么说，是因为所有事物都有横向的广度和纵向的深度。**所谓看清事物，就是全方位看清事物的面貌。**

那么，如何才能同时看清事物的广度和深度呢？这需要大量训练才能达到。

通过训练，我们可以强迫自己保持对事物的兴趣。

具体应该怎么做呢？

首先，我在前文中提到过，我们在阅读报纸的时候，可以从头版开始，按照版面顺序依次阅读，同时，我们也可以阅读那些自己不太感兴趣的杂志，以此逐步扩大兴趣范围，增加关注的广度。

此外，日常生活的行为模式也需要有所变化。比如，如果我们面前有两条路可以选择，一条是熟悉的路，一条是陌生的路，我们可以选择走陌生的路。通常来说，那些习惯挑战新事物的人，往往能发现更多的东西。

如果有新开的店铺或者热门的展览、电影，我们可以立即去看。在节假日的时候,我们可以去公园或步行街逛一逛。我们可以带着兴趣和假设去做上面提到的这些事。我认为,这样的日常行为模式有助于我们提升发现力,看到更多的东西。在做这些事的时候,与志同道合的朋友互相激励,效果会更好。

在生活中尽可能多地接触各种各样的事物,我们就会发现,那些看似毫无关联的新闻、数据和商品之间的相关性会逐渐显现出来。这样做可以使我们深入了解事物的本质,提升我们的发现力。

③ 有责任感

正如我在前文中提到的,与普通员工相比,公司管理者往往更容易察觉到公司内部的各种事务的细节问题。他们之所以能够注意到许多细节,是因为他们对这些事更感兴趣。因为感兴趣,他们才会注意到许多细节:地板上有纸屑,复印机的盖子没盖好,销售部部长忽略了市场数据的关联性,财务部部长遗漏了财务资料。

兴趣的广度 →

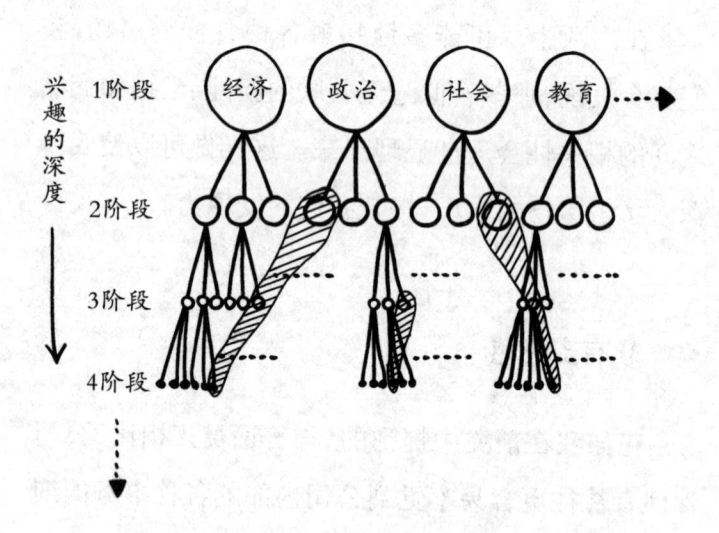

兴趣的深度 ↓

1阶段　经济　政治　社会　教育 ⤏

2阶段

3阶段

4阶段

如果我们能够广泛而深入地观察，事物的关联性就会显现出来。

我一直在思考,究竟是什么原因导致了这种现象。

我们为什么会对某个事物"感兴趣"?

为什么普通员工不像管理者那样对与工作相关的事情"感兴趣"?

"兴趣"产生的前提是什么?

深入追溯"兴趣"的根源后,我发现了一个产生"兴趣"的关键因素,那就是"责任",更准确地说,是"责任感"。

当一个人有责任感时,他就会看到自己需要看到的东西,认真的态度也会随之而来。

公司的社长或高管作为经营者,对发生在公司内的所有事情都要承担责任,所以许多事情会自然而然地映入他们的眼帘。

如果基层员工能够对自己的工作以外的公司事务产生兴趣,那么他就能发现更多的事情。而那些能看到这些事情的人,往往能成为卓越的人。管理者也需要鼓励下属去发现和关注一些事情。

如果一个人看不到这些,只能看到自己狭小圈子中的世界,那么他也只能如此。

我每周都认真地查看日本的宏观经济数据,这也是经营顾问的一项重要工作。我担任一些公司的高管并参加部分公司的董事会,还要在公共场合发言,不了解市场发展趋势,会让我陷入尴尬的境地。

我做这些事是出于工作需要。因为对工作有责任感,所以我才会关注这些事情。

因此,被赋予重大责任的人往往责任感强,他们的发现力优于其他人,他们更容易看到事物的本质。相反,对于没有责任感或者看不清事物的人,不宜赋予他们重大的责任,否则这会形成恶性循环。

④ 创造认真思考的契机

一般来说,优秀的员工对自己的工作非常关心。但是,当涉及公司整体事务时,大多数人基本上是不感兴趣的。

我曾经在一家拥有约一千名员工的公司进行过问卷调查。问卷涉及多个项目,问卷询问员工是否满意现在的工作。调查结果显示,在整体满意度方面,有百分之六十五的人回答"一般"。这家公司的社长问我:"这百分之六十五的数字意味着什么?"我回答说:"很遗憾,这意味着这百分之六十五的员工对公司并不关心。"

我为什么这样说呢?因为当一个人认真地做某件事时,他不会有"一般"的感觉,他会有"喜欢"或"不喜欢"的感觉,而没有"一般"的感觉。

公司社长的工作就是掌握公司的一切情况,包括利润、资金以及产品的市场行情等。然而,普通员工即使对自己分内的工作感兴趣,也很少对公司其他事务感兴趣。当然,这里指的是积极向上的员工。有些员工对自己分内的工作都不感兴趣,也不关心,这些人不在我们讨论的范围内。

因此,即使地板上有纸屑或者复印机的盖子开着,他们也注意不到。

但是,这并不是说普通员工不好。

在大多数情况下,他们几乎没有被给予思考公司其他事务的机会,因此他们对那些事务无法产生兴趣。是公司管理者让他们无法对公司产生兴趣的。

实际上,也有一些公司不是这样的。在这些公司里,即使刚入职的新员工,也会考虑公司其他的事务,所有员工都被赋予了从"为了公司"的角度进行思考的机会。不仅仅是"为了我""为了我们部门",而是"为了公司"。

他们会思考:对公司来说,什么是好事,什么是坏事?怎么做才能让同事更幸福?怎么做才能让客户更幸福?通过这些思考,员工们不仅能对自己的工作产生兴趣,还能对公司其他事务产生兴趣。当然,这里指的是那些积极向上的员工。

公司管理者应该给员工提供这样的机会,让他们能够对工作和公司的其他事务产生兴趣。同样,教师应该给学生对学习产生兴趣的机会,父母也应该给孩子对成长产生兴趣的机会。

有时,公司可以通过考试和演讲等方式,强制让员工对工作和公司产生兴趣。好的公司会举办与工作无直接关系的关于宏观经济等内容的学习活动,我偶尔也会被邀请作为讲师参加这样的学习活动。

给一个人机会,他就会关注相关事物。

如果一个人关注某个事物,那么他对这个事物的感觉就一定会是二选一,要么喜欢,要么讨厌。总之,他会有自己的判断。

公司提供给我们思考的机会,我们会对自己从事的工作产生兴趣和关注。

有了兴趣和关注,我们就会知道自己是喜欢还是讨厌自己正在做的工作,换句话说,关于工作的判断标准就形成了。

这个判断标准会成为假设,许多事情因此变得可见,被我们发现。

把这个判断标准作为假设,我们就能发现更多新事物。

有了兴趣和关注,许多事物在我们眼中就会变得清晰可见。

兴趣和执着的基础是刺激。比如,听那些善于观察的人讲述他们的故事,阅读与思维方式有关的书籍,阅读平时不会读的报刊,外出旅行,走不熟悉的路,使用新产品,考虑公司整体事务……

有了这些突破自己习惯的刺激,我们的发现力就会提升,许多事物就会变得清晰可见。

⑤ **有自己的思想**

　　一位我很尊敬的公司社长曾说过，一个人晋升到部长级别靠的是能力，但此人是否可以成为高管，则取决于此人是否有自己的思想。

　　他说，在决定公司方针时，比如在决定某件事该做还是不该做时，在决定公司在某个方面应该前进还是应该撤退时，不仅需要决策者有能力，还需要决策者有作为依据的思想。一个人有了坚定的思想，做事就不会偏离大方向。因此，他会提拔那些有思想的人担任高管。

　　这里所说的思想，主要是指价值观。也就是说，在做决策时，一个高管是优先考虑人，还是优先考虑金钱；是只提拔男性，还是不论性别任人唯贤……这些都会体现这名高管的价值观。对这些问题有清晰个人想法的人，才能称得上是有思想的人。

　　如今，尽管我们提倡"在职场中，男女平等"，但仍有许多公司高管不愿意提拔女性。

　　我在东京银行工作时，曾在两位女上司手下工作过。那是二十几年前的事了。虽然当时没有女高管,但总行的营业部部长是女性,而且海外分行的女员工数量也保持在五十人左右。后来,东京银行和三菱银行合并,这种情况发生了变化,听说很多优秀的女员工都辞职了。

当时,作为一家外汇专业银行,东京银行的海外分行比日本国内分行多,外籍员工也很多。我想,许多高管都是很有思想的人。比如,无论是行长还是新入职的员工,一律都被称为"先生"或"女士",工作氛围相当自由和平等。

因为有这样的工作经历,所以我没有职场男女不平等的偏见,能够正确看待职场中遇到的性别问题。实际上,在我目前任教的会计学院里,成绩优秀的学生大多是女学生。

虽然我多次强调,我们要看清事物,确立假设十分重要,但要建立合适的假设,需要有正确的思想作为根基。

有了思想,才能透彻地理解事物的基本原理和原则。我认为,从这些基本原理和原则出发,我们才能看清事物。

第五章

看清事物的十个小技巧

1. 了解要点

我在美国读商学院时,老师每周都会布置阅读任务,要求学生读完一两千页的图书或案例资料。美国学生也不可能全部读完,所以他们会先看目录和概要,然后只看加粗的内容和标题。他们只要查看被加粗的内容和标题,就能掌握阅读内容的要点。

接着,他们会仔细阅读那些他们觉得特别重要或特别感兴趣的内容。

我认为,所谓的速读技巧也是基于同样的理念。

首先,只要我们能够了解要点,那么许多事情就会变得更容易理解。

管理者在指导下属时,应该多次强调自己希望他们关注的部分,这样更容易让他们理解事物,从而有新发现。

2. 获得提示

就像先了解要点一样，提前获得提示也是让事物变得清晰可见的技巧之一。例如，去美术馆时，我们第一次看到某幅画，如果我们先阅读画作的说明文字，那么观赏画作的体验就会有所不同。同样，我们在旅行前先读一读导游手册也是这个道理。

从那些对某事物非常了解的人那里接受一定程度的指导，有时也会改变我们看待事物的方式。聪明的人会只给我们提示，让我们自己思考，以便在观察事物的时候看得更清楚。从这个意义上讲，教师、领导和前辈对我们来说，都是非常重要的人。

3. 分解问题

　　分解问题可以使我们眼前的事物变得更加清晰。正如我在前文中提到的,在服装行业制订发展计划时,如果管理者问新员工:"你觉得市场的整体趋势是怎样的?"新员工可能无法回答。但是,如果管理者对新员工说:"去原宿看看年轻人喜欢穿什么颜色的衣服,再回来告诉我。"通过这样的分解,新员工会更容易理解管理者的指示。在给初学者布置任务时,我们尤其需要这样考虑。

　　如果你想提高自己的发现力,不仅要看到整体的情况,还要特别关注你感兴趣的部分,并且仔细、认真地观察。这样,你的观察方式会有所不同,发现力会显著提高。

4. 减少信息

这与"分解问题"也有关联。例如,物品较少且整齐的房间与物品众多且杂乱的房间相比,整齐的房间更容易让人注意到地毯上的污渍。如果整张地毯都脏了,那么单独一处污渍就不会显得突出。

也就是说,减少观察的对象,是让事物变得更容易看见的方法之一。

因此,当管理者指导下属工作时,优秀的管理者不会简单地说"加油",而是会缩小目标范围,告诉下属具体应该在哪些方面努力以及如何努力。输入的信息越少,就越容易让对方看清问题。

5. 立即记录所注意到的事情

　　我们能够看清事物，就意味着我们发现了问题，有了灵感。我们要养成立即记录所观察到的事物的习惯，这一点非常重要。

　　因此，我建议大家随身携带笔记本。有时，我也会用便签代替笔记本。因为大多数人都容易遗忘一些事，所以经常会因为遗忘而忽视一些重要的事。我本人就是这样的。

　　在回顾笔记的过程中，我常常会发现笔记中记录事项之间的关联性，进而发现更多的问题，获得更多的灵感。

6. 进行比较

　　我在谈丽思卡尔顿酒店空调问题的章节中提到过,通过比较,我们能看明白很多事情。换句话说,许多时候,我们是通过比较来认识事物的。

　　例如,除了那些精通音乐的人,大部分人是无法用耳朵分辨出不同和弦之间的差异的。但是,如果按顺序弹奏和弦,大部分人都能发现不同和弦的差异。

　　财务报表也是同样的道理。只看丰田汽车公司的财务报表是难以对其经营状况作出判断的,但如果你把它和三菱汽车公司的财务报表对比来看,就能很容易地判断出哪一家公司的经营状况更好。

　　通过比较,我们能看到很多东西。比较是我们观察事物的基本方法之一。

　　顺便说一下,实际上,我一直在坚持写日记,每三年用完一本日记本。虽然有点儿自夸的嫌疑，但我是那种能一直坚持做一件事的人。今年我将用完第五本日记本，所以算起来，我已经坚持写日记十五年了。

连续多年写日记的好处之一就是能够重温以前发生的事，这让我养成了比较好的习惯。同时，这也让我意识到，有些事我以为发生在很久以前，其实只是一年前的事，而一些我认为是最近发生的事，其实是发生在两年前的事。这让我清楚地认识到自己的记忆有多么模糊。

7. 替换一部分

前几天，我的公司的接待室安装了一台新咖啡机。我的员工每天都会打扫卫生，许多人几乎把清洁工作当成了一种爱好，所以在安装新咖啡机之前，我一直认为那个房间已经相当整洁了。

然而，新咖啡机一安装好，我立刻就注意到周围的物品显得十分陈旧。

当然，这也是"比较"的一种形式。通过更换某一样东西，我们往往会注意到其他的东西。那些以前没有注意到的事物会突然变得清晰可见。

8. 改变视角

有一次,我在东京站熙熙攘攘的人群中看到一位差不多有两米高的"巨人"。在汹涌的人流中,只有"巨人"的上半身从人群中凸显出来,格外显眼。普通人通常只能看到前面的人的头,他却能看到全景。

虽然我们无法改变自己的身高,但我们可以尝试从不同的角度观察事物。无论是从物理上还是从心理上,这种做法都是可行的。比如,一个圆锥体从侧面看是等腰三角形,但从上面看则是圆形。换个角度看,事物会呈现出完全不同的面貌。

9. 多人讨论

每年夏天，我都会去北海道，冬天则去关岛，举办关于公司未来十年发展的研讨会。通常，每家公司只有一位代表参加，参会的代表不是董事长就是高管。但是，有一次，有一家公司的董事长和一位高管两个人一起参加了研讨会，还有两家公司的两位董事长也结伴而来。

参与过那次研讨会之后，我意识到，与一个人独自思考提出的公司未来发展方案相比，两个人讨论之后提出的公司未来发展方案明显更加出色。

也就是说，无论一个人多么聪明，他都无法轻易改变自己的视角、思维模式、思考问题的出发点。然而，当多个不同立场的人参与进来时，由于他们的视角、思维方式和思考问题的出发点各不相同，必然会产生不同的观点。在不同观点激烈碰撞之后，我们往往会发现之前未曾注意到的事物。

　　为了引入多元视角，多人讨论成为揭示事物本质的重要方法之一。

　　最近，越来越多的企业经营者和高管开始聘请商业教练，我认为，他们是想练习从不同的视角观察事物，发现问题，从而更容易地看清事物的本质。

10. 保持坦诚

　　最后一个关于看清事物本质的技巧是保持坦诚。即使我们尝试过与多人一起进行讨论，或者聘请像我这样的经营顾问，如果没有接受不同观点的开放心态，一切都不会改变，即使读完这本书，也不会有任何变化。

　　坚守自己的信念固然重要，但绝不能顽固不化。顽固的人无法看清事物的本质。或者说，看不清事物本质的人可能会被视为顽固的人。

　　一个人一旦变得顽固，就会认为自己是绝对正确的，自己的观点绝对不能改变。这样一来，面对显而易见的事物，他也会视而不见。

　　通常来说，随着年龄的增长，许多人会发现自己越来越难以看清事物的本质，这可能是因为他们变得有些顽固了。

虽然不专注会忽视许多事物，但过于顽固也会使我们对许多事物视而不见。虽然其中的分寸比较难把握，但是我认为事实确实是这样的。

结语 能够"看见"的人会获得幸福

"看见事物""看清事物"需要发现力。毕竟,若无法看见事物,无法看清事物,便无从感知。而发现事物与现象的能力和体察他人状态的能力,其实是同一种能力。

发现力比较强的人,往往能够注意到身处困境的人,因此可以主动为他们提供帮助。有些人常常对问题视而不见,在日常生活中,装作没发现问题的人比真正没发现问题的人要多得多。许多时候,他们即使发现了问题也装作没发现。

此外,发现力比较强的人也能够发现别人心情愉悦的时刻,因此,他们也能与之一起分享喜悦。大家应该都会喜欢这样的人吧。

相反,那些不能忧他人之忧,也不能乐他人之乐的人,我们大都不愿意亲近。

在本书前面的章节中，我写了发现同事发型变化的方法。虽然这看起来是一件小事，但我认为发现同事发型的变化和察觉到别人的痛苦、悲伤和喜悦，在本质上是一回事。发现力不强的人，与别人有关的大事和小事都无法察觉，因为他们没有真正地关注别人。

我认为，看见与发现直接相关，能看见就能发现，能发现就能找到幸福。

这本书主要写了什么是发现力，以及如何提高发现力。但实际上，我认为更重要的是能够发现和理解别人的喜悦与悲伤，这对一个人来说是非常重要的事情。

后 记

序言

由于工作关系,我经常乘坐新干线,也经常乘坐飞机。我有一个与此相关的小知识想分享一下。很久以前我就注意到机场的跑道上标有编号。例如,东京国际机场的主要跑道编号为"34-16",而用于侧风的跑道编号为"04-22"(实际上,"34-16"包括 R 和 L 两条跑道)。关西国际机场也有两条主要跑道,但它们的编号都是"32-14"。

我一直想知道这些数字的含义,直到有人告诉我:"那是方位的代号。"他说,18 代表正南,36 代表正北。因此,任何跑道的大号减去小号都会得到 18,也就是说,它们之间有 180 度的角度差。听了他的说明,我恍然大悟。

当我把这件事告诉朋友们时,他们都很纳闷儿,问我怎么这么喜欢研究这些东西。我认为,正是因为我对这些事感兴趣,所以才会去探究。告诉我这个知识的人是一家公司的社长,他并不是航空界人士,只是对此感兴趣而已。

另外,我想说,每件事都有其理由。即使是一个编号,也有其形成的原因。

我认为,事事留心皆学问。每当了解一个新事物,我常常会感叹"原来还有这样的东西",甚至激动不已。

此外,即使是以前学过的东西,重新学习时,我也会有新的发现。因为工作的关系,我经常阅读书籍,即使是以前阅读过的内容,再次阅读时,也总能发现一些新的东西。

当然,我们可能会忘记很多经历过的事和读过的书的细节,但是,我们的经历和学到的东西会让我们注意到以前忽视的事物。

当看到或看清这些事物时,我们就会发现,世界变得更加广阔了,我们的心情也更加愉快了,各种新想法也随之而来。希望各位读者能够在以后的生活中,不断发现身边未曾发现的新事物。

如果本书能够对大家提升发现力有所帮助,那将是我的荣幸!

  本书出版之际,我要感谢那些迄今为止给予我各种帮助和指导的人,谢谢!

小宫一庆

2007 年秋